卡耐基写给年轻人的

人生经营课

墨非◎编著

[年轻人必读的经典著作 成功学大师的精髓忠告]

台海出版社

图书在版编目（CIP）数据

卡耐基写给年轻人的人生经营课／墨非编著. —北京：
台海出版社，2013.9

ISBN 978 - 7 - 5168 - 0286 - 1

Ⅰ. ①卡… Ⅱ. ①墨… Ⅲ. ①人生哲学－青年读物
Ⅳ. ①B821 - 49

中国版本图书馆 CIP 数据核字（2013）第 211137 号

卡耐基写给年轻人的人生经营课

编　　著：墨　非

责任编辑：王　品　　　　　　　　责任印制：蔡　旭

出版发行：台海出版社

地　　址：北京市朝阳区劲松南路 1 号　邮政编码：100021

电　　话：010—64041652（发行，邮购）

传　　真：010—84045799（总编室）

网　　址：www. taimeng. org. cn/thcbs/default. htm

E-mail：thcbs@126. com

经　　销：全国各地新华书店

印　　刷：北京联兴华印刷厂

本书如有破损、缺页、装订错误，请与本社联系调换

开　　本：710×1000　　1/16

字　　数：237 千字　　　　　　　　印　　张：19

版　　次：2013 年 11 月第 1 版　　印　　次：2013 年 11 月第 1 次印刷

书　　号：ISBN 978 - 7 - 5168 - 0286 - 1

定　　价：36.80 元

　　"一个人的生命应当是这样过的：当他回首往事的时候，不会因虚度年华而悔恨，也不因碌碌无为而羞耻。"这句经典的名言告诉年轻人，人要懂得珍惜时间，要学会用心经营美好的人生，因为你必须为自己的人生负责。

　　年轻人处在人生的岔路口，也许你正在为自己的未来而迷惘，不知道前方的路在哪儿，该怎么走。这几乎是每一个年轻人都会遭遇的烦恼，也是每一个年轻人应该为之思考的问题。人生就像是一场陌生的旅程，有些人想尽可能地走得远一些，但也有人只想要欣赏眼前的风景；也有人发觉生命无常，有太多自己无法控制的意外，因此而变得沉沦。

　　每个年轻人都希望自己能够变得更完美、更优秀；希望自己在工作中表现突出，在人际交往中如鱼得水；希望自己能成就一番事业，过更好的生活。然而，"理想很丰满，现实很骨感"，理想和现实仿佛是两座遥遥相望的悬崖，无数年轻人或因胆怯不敢迈步，或因选错方向而南辕北辙，还有人因错失机遇与成功擦肩而过……

　　走过稚嫩青春期，年轻人还没来得及做好准备，生活和事业以及其他种种问题就劈头盖脸地砸过来，曾经熟悉的生活越来越远，由此而产生的庞大又复杂的压力，让越来越多的年轻人产生了强烈的无力感。那么，站在这个全新的起点上，年轻人只有懂得经营人生，才能坦然走过这段迷雾重重的路程。

卡耐基先生是当代伟大的心灵导师和成功学大师，他曾经用平凡的故事激励过无数陷入迷惘的青年，让他们掌握了经营人生的要点和技巧，最终取得了丰硕的果实。这本《卡耐基写给年轻人的人生经营课》是根据卡耐基先生对年轻人的心理、行为和心态的长期研究而总结出的，对年轻人如何经营成功人生的一些建议。

本书将卡耐基先生对年轻人经营人生的建议分为十课，每一课中都有许多贴近生活的故事和蕴含哲理的典故，并提出了精辟的要点和切实可行的计划，指导年轻人如何完善自己，在工作中更出类拔萃；如何建立起和谐的人际关系，利用人脉让未知的旅程更顺畅；怎样尝试管理自己的财富，让钱"生"钱；在漫漫人生路中，如何经营最重要的情感；怎样保持健康的身体和健康的心态，去发现生活中更多的美好；又该如何抓住机遇、坚持梦想，带着勇气上路，走出一片属于自己的天地。

目录
CONTENTS

第三课｜沟通，积极打开你的人脉

第十课｜勇气，彩虹只在风雨后

第一课

磨炼，让自己变得更完美

俗话说：『玉不琢不成器。』一块璞石，若没有经过雕刻家的精心雕琢，又怎能成为价值连城的美玉呢？同样，一个人，如果不经历生活的磨炼，又如何成为一个有成就的人呢？所以，人生是需要磨炼的。我们的先哲们也很早就认识到了这一点。孟子曾曰：『故天将降大任于是人也，必先苦其心志，劳其筋骨，饿其体肤。』这也是在告诉年轻人，一个人要想有所作为，就必须要提高自我修为，从小事做起，从优秀的人身上学习长处，用负责的态度对待每一件事情。经过这样一番打磨之后，年轻人在经营人生时，才能更得心应手。

学会独立思考

一分钟的思考比一小时的唠叨更有效。

——卡耐基

卡耐基在提到他对成功的看法时强调了一点，就是年轻人要拥有独立思考的能力。的确，我们在评价他人是否具有聪明才干时，通常都通过两方面来判定，一个是是否具有独立思考问题的能力，另一个是思维是否灵活与敏捷。

独立思考就是面对是非有自己的主见，不因为别人的看法而改变自己的主意。这需要年轻人有极大的自信，而自信又来源于实践中的摸索。通过在现实生活中积累的经验，形成具有自己风格的为人处事的原则。而灵活敏捷的思维让年轻人能迅速并灵活的对事情做出反应，不墨守成规，能从不同角度全面地看待事物，能提出创造性见解。

年轻人具有独立思考的能力，那么在今后的生活中就能做到沉着冷静，自信积极地面对任何困难，在时间的洗礼中变得更成熟、更完美，这样才能将人生经营得红红火火。

流传了三千多年的犹太人经典之作——《塔木德》中有这样一个故事：

教士对一个年轻人提问："有两个人掉进了高高的烟囱里，一个弄得满身狼狈，一个却一尘不染，你认为谁会去洗澡呢？"

年青人不假思索地回答说："当然是满身狼狈的那人！"

教士摇了摇头说："你错了！浑身脏兮兮的人看着一尘不染的人想：我身上肯定也是干净的；而干净的人看着浑身脏兮兮的人想：我

身上肯定也是脏兮兮的。所以，是干净的那人反而去洗澡！"

教士接着问："两个人又一次掉进高大的烟囱，谁会去洗澡呢？"

年青人这回思考了一下说："当然是那个很干净的人！"

教士又摇了摇头说："你又错了！很干净的那人在洗澡时，发现自己并不脏；而那个满身脏的人则相反。他明白了那位干净的人为什么要洗澡，所以这次他跑去洗了。"

教士再问："他们第三次从烟囱里掉进去，这次谁又会去洗澡呢？"

年青人说："当然还是那脏身子的人。"

教士遗憾地说："你又错了！你见过两个人同时掉进同一个烟囱，其中一个很干净，一个很脏的吗？"

这则小故事意在鼓励年轻人要学会独立思考，对事情有自己见解。很多年轻人在做某件事的时候，都会出现无法集中精神的现象，脑袋里总会想着别的事情，这就会导致你对自己失去信心，会受到旁人和环境的影响，失去自己的主见而随大流，那么你的人生最终会成为别人的复制品。

年轻人处在人生最美好的年纪，不必考虑太多的生存压力，也不会被家庭生活而牵绊，这正是为事业而拼搏的好时候。因此年轻人要经营好自己的人生，就要学习一些提高独立思考能力的方法。

要做到独立思考，首先就要学会把自己与习惯性思维相隔离。很多年轻人遇到问题后总是习惯在互联网上搜寻答案，这就会让自己陷入惯性思维的圈子。所以，年轻人在生活中遇到事情应该先自己思考一番，通过限制惯性思维的方法锻炼自己独立思考的能力。能做到独立思考的人不一定就是异类，他们不会为了创新而创新，但也不会因循守旧，而是尝试用一种新的标准来思考问题。

年轻要学会独立思考，还要学会接受与自己观点相矛盾的看法，学会跳出"圈子"站在旁观者的角度去思考。把你常用的思考方式抛在脑后可以赋予你另一种自由，学会从另一个角度看待问题、去观察世界，将带给你一种思考自我的机会。

还可以通过改变自己的生活习惯锻炼自己的思维方式。比如不要总去相同的场所，吃相同的食物，你可以积极地为自己创造新的经历。许多人习惯了这种固定的生活方式，因为这样可以带来安全感，但如果你想要学会独立地思考，就需要学会跳出你熟悉的圈子，见识另一番风景。

也许你觉得自己目前的生活状态很好，不需要改变，但是如果把眼光放长远一些，为自己以后的人生考虑，就一定要拥有独立思考的能力。这样就算是微小的的进步都能让你更深刻地认识这个世界，你将会发现别人所忽视的机会，相比于那些不会独立思考的人，你会拥有独特的优势。更重要的是，你所有的想法和创意都是你自己的财富，这是任何人都无法复制和模仿的，你将成为一个独一无二、无法替代的年轻人。

相信自己的能力

先相信自己，然后别人才会相信你。

——卡耐基

年轻人的思想就像是一节电池，有正极，也有负极，而自信心则是引导你人生的能量，这样你的思想就能发挥积极的作用。因此，年轻人要相信自己"天生我才必有用"，才能凭借自己的能力做出一番成就。坚定的信心也是年轻人成就事业必不可少的习惯之一。所谓"世上无难事，只怕有心人"说的就是这个意思。英国文学家狄斯累利曾经说"机遇不造人，是人创造了机遇"，对自己缺少信心，那么你的生命也会缺乏激情。

信心与成功其实是合为一体的两面，信心愈坚定，也就越有可能取得成功；反过来说，一个对自己缺少信心的人，很难在人生中取得伟大的成就。成功的人自有不同于常人的神态，流露在脸上的坚强与自信，正是对自己有充分自信的表现。年轻人要是想出人头地，首先就要肯定自我，相信自己有取得成功的能力，你才会获得成功。

古希腊的哲学家苏格拉底在临终前有一个小小的遗憾——跟随他多年的助手，却没能为他寻找到一个可以继承衣钵的弟子。事情是这样的：苏格拉底在风烛残年之际，想考验和点化一下他的助手。他把助手叫到床前说："我这根蜡烛所剩无几了，你得帮找到另一根蜡烛才能接着点下去，明白我的意思吗？"

"明白，"助手体贴地说，"您的成就需要得到传承……"

"可是，"苏格拉底愁眉苦脸地说，"我需要一位优秀的承继者，他不但要具有智慧，还要有对自己有充分的信心和超乎常人的勇气……可是，这位优秀的人直到目前我还未见到，你能帮我寻觅一位这样的人才吗？"

"好的，我一定尽力完成这个任务。"助手很尊重地说，"我一定竭尽全力地去寻找，不辜负您对我的信任。"苏格拉底笑了笑，没再说什么。

这位负责又勤奋的助手千辛万苦地在全国各地四处寻找，可无论他领来的人有多么聪明，苏格拉底一律婉言谢绝。这天，助手再次无功而返，他回到苏格拉底病床前，很苦恼地说："大师，是我太没用，找来的那些人都不符合你的要求……"

苏格拉底笑笑，并不说话。

半年后，苏格拉底的身体一天不如一天，可最优秀的人选还是没有找到。助手非常惭愧，悲伤地坐在病床边，语气沉重地说："我对不起您，让您失望了！"

"失望的是我，对不起的却是你自己。"苏格拉底说完闭上眼睛，停顿了许久，才惋惜地说，"原本，我最看中的人就是你，可是你对自己缺少信心，总是忽略自己，无法发掘自己的才能，懂得重用自己……"话没说完，伟大苏格拉底便永远离开了人世。

没有自信，便没有成功。那些能获得成功的人，无一例外的都需要自信的支撑。命运就像手里的掌纹，不管如何曲折却始终由我们自己掌握。只要不失去那个叫自信的支点，无论身处怎样的环境，你同样可以活得很好；只要你拥有信心，就可以按自己的愿望描绘出人生的绚丽。

每个向往成功、不甘平凡的年轻人，都应该牢记这几句至理名言：最优秀的人就是你自己，只有你才是你生命的重心，也惟有你才能给自己最强势的肯定。自信，让你在受到伤害时不会被击垮，能咬紧牙关露出战胜一切的微笑，尽管眼中闪着泪花，却仍然能坚持不让自己倒下。自信，让困难在你面前望而却步，让你的内心变得更强大！年轻人要懂得看到自己的优秀之处，并强化这种优秀的感觉，给自己更多的激励和肯定，每一天都要超越自己一点点，给自己足够多的信任！

做任何事情都是一样，都要相信自己，在这个前提下你才能完美地达到自己的目标。相信自己，遵循内心的梦想努力实践，你才能拥有成功的能量，你的生命也会因此而充满激情。请相信自己，不论前途多么崎岖，它都能带领你跨越困难、走向成功。

小事也要用心做

从小事做起，从自身做起。

——卡耐基

年轻人青春气盛，总认为有更多重要的事情等着自己去做，对那些微不足道的小事往往觉得不足挂齿，没必要在一些小事上浪费时间和精力。其实，从小事中可以看出一个人的内心，一件小事可以看出一个人的性格和习惯，小事有时也能为你带来意想不到的成功。所以，年轻人不能忽视那些小事。三国演义中，刘备在临终前留给刘禅一句忠告："勿以善小而不为，勿以恶小而为之！"事情虽小，只要是对人有帮助的事情就没有理由不去好好做，一件微不足道的小事，有时也能让你成就一番伟大的事业。所以，年轻人要记住：小事也要用心去做！

日本狮王公司的员工加藤信三就是一个注重小事的人。有一次，加藤信三起床晚了点，为了不迟到，急急忙忙地刷牙洗脸。没想到刷牙力气过大，导致了牙龈出血。他为此非常恼火，上班的路上仍是非常气愤。

到公司之后，加藤信三为了集中精力工作，便强迫自己平息心头的怒气。他和几个要好的伙伴提及此事，并相约一同设法解决刷牙容易伤及牙龈的问题。

加藤信三和他的伙伴们想了很多解决刷牙时牙龈出血的办法，比如，刷牙前先用热水把牙刷泡软、多用些牙膏、把牙刷毛改为柔软的软毛、放慢刷牙速度等，但效果都不太理想。为了研究出不伤害牙龈的牙刷，他们在放大镜下进一步仔细检查牙刷毛。这次，加藤信三和伙伴发现一个细节，刷毛顶端并不是圆形的，而是四方形的。他想："把它改成圆形的也许就能减少对牙龈的伤害！"于是他们立刻着手将牙刷的刷毛进行改良。

经过多次实验后，加藤信三正式向公司提出了改变牙刷毛形状的建议。他的建议得到了公司领导的肯定，领导欣然接受，把生产的所有的牙刷毛全都改成了圆形。改进后的狮王牌牙刷因为效果显著，销量一路攀升，销售额甚至占到了全国同类产品的40％。加藤信三也由普通职员晋升为课长，最后成为公司的董事长。

在我们看来，刷牙时牙龈受到了牙刷的伤害，顶多会换一把牙刷，很少有人会在这件小事上浪费时间，去想办法解决这个问题，因此机遇也悄悄从身边溜走。而加藤信三却在小事中发现了问题，而且对这个小问题进行了细致的分析，从而使自己和所在的公司都取得了成功。所以，年轻人不要忽略身边的小事，哪怕是一件小事有时也能改变你的人生轨迹。

行为本身并不能说明自身的性质，而是取决于行动时你的精神状态，每一件事对人生都有一定的意义，也许你现在没发现小事对你的影响，但不代表它不存在。泥瓦匠们在砖块和砂浆中读懂诗意，对按部就班的工作从未感到丝毫的厌倦，这是因为他们能在单调的行为中发现动人的细节。因此，如果拿别人的眼光来看待自己的工作，用世俗的标准来衡量自己的存在，那么你的生活就会变得没有任何吸引力和价值可言。

我们对事物的认识是存在局限性的，所以必须学会全面的观察才能看到事情的本质。有些事情从表象上去看是不能认识到其意义所在的，因此不要小看自己所做的每一件事，即便是一些毫不起眼的小事，也应该全力以赴，尽职尽责地完成。认真负责地完成每一件小事，才能以同样的心态完成会影响自己人生的大事。通过小事一步一个脚印地攀登人生的高峰，才能使自己变得更优秀，才能更好地打理自己的人生。

向你敬佩的人学习

榜样的力量是无穷的。

——卡耐基

卡耐基曾说过"榜样的力量是无穷的"。年轻人要想取得进步，就要找一个值得敬佩的人，把他当成自己的榜样，分析他为什么会取得成功，有哪些是可以借鉴的，有哪些是需要避免的。也许你不一定会取得跟他相同的成就，但至少可以让自己少吃一些苦头。榜样，就是自己努力的方向。孔子曰："墨鉴思齐焉，见不贤而内自省也。"意思是说，要向那些有贤德的人看齐；对那些没有德行的人，则要在内心自我反省。这一句话说明了榜样的重要性。年轻人要想经营好人生，就要懂得给自己找一个对的榜样，一味地把自己封闭在狭窄的圈子里，就会成为井底之蛙，而成功的人，往往都善于借鉴和学习别人的成功之处。

麦克阿瑟是20世纪美国最伟大的军事家之一，他是一个很会为自己找榜样的人。他十分欣赏成吉思汗的成就，曾专门研究过成吉思汗的在战争中使用过的战术，并将这些战术总结出来，作为自己的参考。在麦克阿瑟看来，成吉思汗能取得成功与他的聪明才智是密不可分的，比如在和平时期加强军队纪律，严格练兵，提高军队士气，并配备最好的装备以减轻士兵行军时的负重，保持机动力；在战争期间，做到进军神速且隐蔽。得出这些结论后，麦克阿瑟取长补短，在此后的军事活动中大受裨益。

巴顿将军是美国历史上的民族英雄，他也是一名雷厉风行的战将。巴顿将军自幼就崇拜英雄，历史上有名的战将如腓特烈、成吉思汗、拿破仑，他们的事迹深深地刻在了巴顿将军的心里。从军之后，他曾深入研究过亚历山大大帝、拿破仑等历史名将的生平，在这些著名将领的身上，他学到了卓越的军事思想与战略战术和决断能力，为日后的成就打下了坚固的基础。

年轻人要想成为什么样的人，就要向该领域的风云人物看齐，学习他们成功的经验和智慧，可以让你少走一些弯路，减少一些摸索的时间。你还可以了解他们是如何面对困境、又是怎样迎接成功的。了解了这些之后，你才能更快地走上通往成功的捷径。可以说，大部分有杰出成就的人，终身都会崇拜一个或多个伟人，他们沿着偶像的行为轨迹孜孜不倦地奋斗和努力着，他们对偶像的崇拜，是促使自己上进的力量。

如果你也需要一个这样的榜样，首先就要了解自己一番，找到自己的爱好、兴趣和工作成绩以及别人对你的评定等等，通过这些确定自己突出的能力，从而找到最适合自己发展的领域。确定这个目标非常重要，这将是你为之奋斗的终身目标，这个目标必须具有一定的高度和难度，因为这是你毕生的方向。

在确定了自己的发展领域后，就要在该领域内选出一位你所崇拜的人作为奋斗目标。此时，你还需要在内心树立起积极的心态，雄心壮志、百折不回，用坚韧的意志来面对你所遭遇的一切挫折。你所崇拜的人的传记和历程，是你汲取经验的重要来源，关于偶像的资料，你应该花费一些时间仔细品味。从他的人生经历和言行举止中得到一些启发，并将此作为你的努力的方向。也许你的偶像不只是一个，但他们在某些方面肯定存在一些相同之处，将这些相同之处提炼出来，将他们的性格优点和对生活的感悟整理出来，认真揣摩和学习。

你所崇拜的人带给你的不只是他们处理问题的方式、方法和才能，更重要的是他们面对困难时表现出来的坚韧和心理素质。也许他们的时代早已成为过去，他们的处事原则已经落伍，但他们思考问题的方式不会落伍。也许你这辈子都不可能会用到他们的战略战术，但你可以把它们灵活运用到生活和工作中去。学习他们思考问题的方法，学着找到超越他们的途径，找到属于自己的成功方法，这样才能成就更完美的人生。

每天花半小时用来阅读

真正的书籍使瞌睡者醒来，给未定目标者选择适当的目标；正当的书籍能示人以正道，使其避免误入歧途。

——卡耐基

卡耐基曾说："真正的书籍使瞌睡者醒来，给未定目标者选择适当的目标；正当的书籍能示人以正道，使其避免误入歧途。"年轻人应该保持阅读的好习惯。阅读能让人的心灵得到放松，让你的内心深处体验到快乐的感觉；书籍是物美价廉可以重复使用的能为你带来欢愉的物品。读书能让你更好地了解这个世界，懂得更多的生活的奥秘。读书是一种心灵的享受，是人生的惬意追求。书籍让年轻人知道，不必苛求完美，但是一定要自强不息；书籍还告诉年轻人，人生不能偷懒，要有一颗奋进的心，才会有前途和光明。

　　阅读，让人的心灵得到洗涤而变得纯净，就像毕淑敏说的，让人优美。优美的人生才能诗意，才能豁达，也才生长出成功的花朵，萌发对生活的希望，更好地让自己成长、变得成熟。年轻人，记得读书吧！不管是心灵感悟还是文学作品，读书能让你的人生变得充实。书籍就像是成长过程中需要的养料，让你更快地成长，能更好地面对社会给你的磨难，也能更好地调节自己。书是人类智慧的精华，读书对年轻人有很多帮助。它可以使你获得更多的智慧，吸取更多的知识，为将来的发展打下良好的基础。

　　哈尼族诗人泉溪一生命运坎坷，他从清洁工变成一名诗人，其中经历的苦难是常人无法体味的。泉溪并不是一个幸运的人，他中学辍学，在艰苦的环境中书籍是支撑他走下去的力量，他的阅读生活也是从这时候才真正开始的。

　　他的第一份职业是在医院打扫卫生。微薄的工资与卑微的社会地位让泉溪很受打击，也是在这时候他开始读张贤亮的小说的。他一直认为张贤亮是描写忧患苦难最深刻的一位作家。每天下班后，满身疲惫的他回到住处，拿起那载有灵魂的书籍，就能让泉溪得到一股无形的力量。在他看来，张贤亮的小说简直是为他量身打造的，像一道光，让他回到生命最初的澄明的宁静的状态。

　　泉溪读的第二本书是史铁生的《好运设计》，是他在当地的图书馆借来的。从这本书里，泉溪领悟了生命中有关痛苦的真谛。这本书给他带来了强大的精神支柱，他不知还有什么可以代替文字来医治他心灵的创伤。这本书让他从伤悲中走出，让他的内心得到了解脱。

　　泉溪是一位民间写作者，他阅读了大量古今中外的文学名著。读书开拓了他的视野，也改变了他的生活轨道。如今，他的诗歌作品《怀念爱情》已出版。从一个清洁工到自由作家，是书籍为他插上了翅膀，给予了他飞翔的力量，从而改变了他的人生。

　　书籍是如此有力量，哪怕是一本不知名的小说，甚至一句简单的话语，都可能改变我们的一生。多年前，索尼公司还是一家名不见经传的小公司，但是经过不懈的努力，它一跃成为日本屈指可数的知名企业之一，现在已成为国际知名的大企业。索尼公司的成功也是因为一本书，那就是中国的《孙子兵法》。索尼公司的管理者通过学习这本书的知识，并把它灵活运用到商业领域，由此打开了产品的销路。正是这本书，改变了索尼的命运。

　　"书山有路勤为径，学海无边苦作舟。"阅读是年轻人储蓄知识的一个途径。你可以利用空闲的时间多读一些能提高自己的书籍，这对你的人生和事业是很有帮助的。许多成功者在创业早期都经历了一番艰苦，但他们从不放弃阅读的机会。高尔基有名言"书籍是人类进步的阶梯"，在成功者眼里，薪水并不是决定人生的关键，追求进步才是决定人生的转折点。

　　读一本书，要学会读懂作者的思想，深深挖掘下去，就能找到其中的奥秘，这才是最好的读书方式。年轻人不能荒废时间，即使生活让你手忙脚乱，也要抽出时间来读几本自己喜欢的书。书籍里蕴藏着无限的智慧，值得年轻人去思考。年轻的我们要明白读书的重要作用，爱上阅读吧，深深地陶醉在文字里，我们将受益匪浅。

控制自己的情绪很重要

一个人如果能够控制自己的激情、欲望和恐惧，那他就胜过国王。

——卡耐基

无论你是男孩还是女孩、不管你是何职业，都逃脱不了坏情绪的包围。人类最基本的四种情绪喜、怒、哀、乐是构成我们情感的元素，这些情绪让我们拥有旺盛的生命力和对生活的激情。可以说，人都由情绪主宰。情绪是伴随着人的思维而产生的，当你的情绪或心理产生困扰时，往往是被不合理的的思维所影响。

坏情绪不仅会破坏你的心情，还会直接影响到你的健康。美国一位生理学家曾做过一个简单实验，研究情绪对健康的影响。他将玻璃管插在冰和水混合之后的容器里，借以收集人们在不同情绪状态下呼出来的"气水"。实验结果表明，人在平静状态下呼出的气体凝结成水之后是澄清透明，无色、无杂质的；而在愤怒或失望等悲观情绪下，呼出的气体则会出现紫色的沉淀物。研究者将这紫色沉淀物注射到实验白鼠身上，几分钟后，白鼠就一命呜呼了。可见负面情绪对人体的危害有多大。那么在生活中，年轻人就要学会调整自己的情绪，别让坏情绪控制自己，时刻让自己保持愉悦的情绪才能用积极的心态去面对生活。

黄山有一条南北走向的山谷，这条山谷有一处奇特的景观：西坡长满了杉树、松柏等品种各不相同的树，而东坡却只有雪松。这奇特的风景吸引了很多游客前来参观。

　　有一年，一对试图挽救他们婚姻的夫妇准备做一次长途旅行，两人约定：如果能够在旅行中重新找回昔日的感情，就继续生活，否则就从此不再见面。当他们来到这个山谷时，正下着大雪。在不经意间，他们发现了一个特点，由于这里的风向导致东坡的雪比西坡的雪要大。不一会工夫，东坡的雪松上就落了厚厚的一层雪，然而，每当雪松上的积雪厚到一定程度时，雪松富有弹性的树枝就会弯曲，让积雪落下。就这么反复让雪从树枝滑落，所以无论雪下多大，雪松都不会被雪压倒。而西坡的雪下得小，树木则很少受到损害，所以品种繁多，长得郁郁葱葱。

　　眼前的这番景象让两人大为震撼、妻子若有所悟对丈夫说："东坡肯定也长过其他的树，只是由于不会调整自己的姿态，而被大雪摧毁了。"在丈夫点头之际，两个人同时恍然大悟，他们忘情地拥抱在一起。旅行归来之后，丈夫回想说："我们也许找到了呵护感情的关键，当压力来临时要尽可能地学会适应；在适应不了的情况下，就要像雪松一样学会放下，这样才不至于被压垮。"

　　年轻人总是抱怨那些让自己承受压力的人和事，却从来不去检查自己是否做到了尽职尽责。虽然压力不是自己造成的，但大多数情况下，承担压力的却是你自己。当压力来临时，你要做的是想办法给自己减压，学会控制自己的情绪，做情绪的主人。

　　每个人的生活都不可能一帆风顺，在日常生活中，总会发生一些令人不开心的事情，这时就要求年轻人要及时调整自己的心态，不被坏情绪干扰到工作和生活。毕竟，快乐是一天，苦恼也是一天，只有走出情绪的迷雾，你的心情才能保持晴朗。年轻人要让自己的生活充满阳光，关键不在于你在事业上所取得的成就，也不由你所处的境遇而决定，而是取决于你是否能做情绪的主人，是否能做到调节自己的情绪。

那么，要学会控制自己的情绪，就要先学会心存感激。西方有感恩节，大家在这天互送礼物，以此对身边的人表达感激之情。感恩是一种情怀，能让你的心情变得明媚。学会感恩，心怀爱意，对生活的态度也会变得更加积极。

年轻人还可以通过调整呼吸来控制情绪。大多数人的呼吸都是自然而然地进行的，其特点是少而浅。那么只要改变呼吸的深度和频率，将呼吸调整为更深、更慢、更有规律的状态，能良好地控制你的恐慌感，改善情绪和提高记忆力。

在情绪不好时，你还可以走近自然，让大自然消除你的坏情绪。比如去公园逛一逛，去野外走一走，呼吸纯净、新鲜的空气，自然就能放开胸怀，驱散心中的阴霾。也许你还可以读本好书，让书籍为你带来的去除坏情绪的力量，得到内心的宁静。

虚心听取他人的劝告

真正的谦逊是人类最美好的一种品德。

——卡耐基

古人云："智者千虑，必有一失。"这告诉年轻人：无论你如何深思熟虑，都难免有疏漏和考虑不周之处。我们对发生在自己身上的事情并不一定能保持理智，但旁边的人却看得很明白。刚愎自用、妄自尊大、听不进别人意见的人，不仅会耽误自己进一步的发展，还可能给所在的团队带来不必要的损失。其实年轻人最容易犯的错误之一，就是过于相信自我，听不进别人的意见。在现实生活中，年轻人很容易产生这样的心理，比如两个工作经历差不多，工作能力也不相上下，一方可能就会想：为什么我要听你的意见呢？

卡耐基曾经在演讲中给年轻人提出建议：要勇于承认错误，主动接受批评；在生活中不断追求进步，虚心听取他人的意见。只有这样，才能培养自省的态度和勇气，通过不断的反思年轻人可以重新认识自己，从而寻求进步的动力。

一个年轻人不顾朋友的劝告，只身一人闯进了一片原始森林，他打算做一次探险。但不幸的是，由于准备不足，他在这片深邃又广阔的原始森林里迷了路。他在森林中不停地穿行、奔跑，拿着指南针辨别方向，但就是找不到走出森林的路。

不知不觉，年轻人已经走了一整天，眼看着随身带着的食物就要吃光，还是没找到出路。最后他垂头丧气地靠在了一棵树干上无奈地说："上帝，请你告诉我，到底应该怎么办？难道我真的要丧命于此吗？如果再找不到出路，我就会被森林里的野兽吃掉了。"

"嗨，你知道要怎么才能离开这座森林吗？"一个声音在年轻人的耳边响起，他循声望去，看到了另一个"探险者"。看他的样子，年轻人猜测肯定对方肯定也是在森林里迷了路，但是这个突然出现的同伴，却给他增加了不少希望。

"很抱歉，我没有办法告诉你正确的方向，因为我也迷路了。这里的环境比我想象中的要糟糕多了。但是，我相信，如果我们两个互相扶持，就一定会走出这片森林的。"年轻人信心满满地回答道。

对方认真地点了点头。于是，两个迷路的人开始寻找方向，研究怎样才能走出这片可怕的森林，他们仔细分析了这里的环境和森林特点后，不久终于找到了一条出去的路，最后安全地走出了这片原始森林。

年轻人因为不听劝告而迷路，最后在与同伴的合作下走出了森林，这深刻地说明了人要听从劝告，否则就有可能害了自己。一个人的智慧是有限的，精力更是有限的。所以，年轻人在生活中要善于同他人合作，齐心协力才能共渡难关。卡耐基说："一个人所犯的错误首先会被别人看到，在别人眼中，你的问题所在才会显得更透彻。"在这个前提下，年轻人没有任何理由拒绝别人的批评及建议。可以说：虚心听取他人的意见是取得进步的首要条件。不能虚心接受别人的批评，不能从中汲取对自己有益的东西，就不可能取得更大的进步。

年轻人要学会虚心听取他人的意见和建议，还要注意多听取不同的意见。汉代的王符曾经说："君之所以名者，兼听也；其所以暗者，偏信也。"兼听的意思就是指听取多方面的意见，这样才能明辨是非，正确地看待事情。如果单听信一种意见，就会犯片面性的错误。生活中的事情并不是一眼就可以看出其背后隐藏的深意的，甚至是错综复杂的。年轻人因为受自身知识、经历等因素的局限，难免对一些事物的见解上存在偏颇，如果把不同的意见集中起来，进行综合鉴别，才能够做到去伪存真。

除了虚心接受别人的劝告，年轻人还应该努力寻找一位生活中的良师。在生活中，这位"良师"更能客观地给你一些忠告，除了可以交给你生活的智慧之外，还可以在其他方面指点你，包括为人处世、解决问题的方法、如何应对突发事件等等。

种瓜得瓜，种豆得豆

付出不一定有收获，但不付出肯定没有收获。

——卡耐基

俗话说"种瓜得瓜，种豆得豆"，撒下什么样的种子你就能收获什么果实。撒下的种子需要用心栽培才能结果，事实证明人也一样。年轻人要要适应现代社会，不仅要掌握丰富的知识，更要懂得只有付出了努力才可能得到回报。即使是智者也会告诫自己：成功是一分天才加九十九分的汗水组成的。如果觉得自己在某些方面存在不足，就更要记住：勤能补拙，你比别人要付出更多的血汗才能取得理想的成就。

歌德说：天才所要求的最先和最后的东西，都是对真理的热爱。因此，热爱真理、勤奋、有毅力的年轻人更能取得生活中的成功，在实践中这样的年轻人也会变得更成熟、更有魅力。可见，成功者并不是因为他的智力比别人高才取得成就的。

勤能补拙，年轻人如果做到坚持不懈地学习，就可以变得聪明起来。有研究人员调查过世界上各个领域中最成功的五十名学者的人生经历，发现他们除了本人聪慧以外，还有一些共同的品质，比如勤奋好学，对工作认真负责；为实现理想，勇于挑战各种困难；对自己充满信心等等。可见，不管是在文艺还是在科学上取得成就的人，并非都是智力超群的人。

翻看名人的人生轨迹，可以说没有人的一生是一帆风顺的。史蒂芬·霍金出生于英国的牛津，他年轻时就身患重症，然而他坚持不懈，战胜了病痛的折磨，坚持自己的研究，终于成为了举世瞩目的科学家。

霍金在牛津大学毕业后随即到剑桥大学攻读研究生。不幸的是，就在这时他被诊断出患"卢伽雷病"，用不了多久就会完全瘫痪了。随后，霍金又因肺炎进行了穿气管手术，此后，他完全不能说话，只能依靠轮椅上的一个小对讲机和语言合成器与他人交谈。他看书必须依赖翻书器，查阅资料时需要用放大镜逐字逐句地读。

但霍金却没有被这巨大的伤痛所打倒，他没有放弃对知识的渴望。正是在这种令人难以置信的艰难中，他成为了世界公认的引力物理科学巨人。霍金在剑桥大学任牛顿曾担任过的"卢卡逊数学讲座教授"，他的黑洞蒸发理论和量子宇宙论不仅轰动了自然科学界，并且对哲学和宗教也产生了深远的影响。霍金在 1988 年 4 月出版了自己的著作《时间简史》，该书现在已用三十三种文字发行了超过五百万册。

年轻人的人生旅途还有很长的路要走，对以前失去的机会不要惋惜也不必后悔，现在开始努力依然能改变自己的人生。因为人的才能不是与生俱来的，是靠坚持不懈的努力、靠勤奋换来的。大思想家孔子也不是天生就拥有过人的智慧，他曾经挑灯夜读，经过一遍又一遍的练习才学会了老师交给他的字词；孟子也不是一个天生就有学问的人，他小时候非常贪玩，不喜欢读书，以至于孟母为了教育儿子，三次搬家，留下了"孟母三迁"的故事。

即使你生来比别人聪慧，可缺乏后天的努力，到头来也会变成一个碌碌无为之人。王安石的《伤仲永》就是警告年轻人的例子。天生聪慧的仲永对自己的聪明沾沾自喜，整日荒废学业不学无术，最终才华消退，变成了一个跟常人没有什么区别的普通人。

《安徒生童话》家喻户晓，但是这位伟大的作家安徒生却出生于一个贫寒的家庭。他曾想当演员，剧团经理却嫌他太瘦而拒绝了他；他又去拜访舞蹈家，结果受到了一番奚落又被轰了出来。他流浪街头，却不忘刻苦学习，终于成为世界著名的童话作家。安徒生的事迹说明，一个人的才华是具有极大的可塑性的，只要你愿意努力，全世界都会为你让路。

所以，年轻人要想经营好人生，就必须学会磨炼自己，对自己的学识、才能和个人特点有清醒的认识。实践告诉我们，成功只会光顾那些为理想付出了心血的人。"一份耕耘一份收获"，春种秋收，这是自然界的生长规律，也是年轻人成就事业的法则。

懒惰让你一事无成

懒汉在梦中向成就求爱，成就甩开他的纠缠走了，待懒汉醒来，在枕头边拾到一条留言："我永远不属于你"。

——卡耐基

"勤奋出贵族"这是一句永恒的真理。无论是过去还是现在，无论是身处地球的哪一方，那些享有地位、尊严和财富的贵族，都有一颗上进的心，都有一双勤劳的手，他们身上有一种令人尊敬的勤奋与敢为天下先的精神，这种勤奋和坚韧的品格闪耀着非凡的光芒。年轻人不必为金钱或者地位而感到烦恼，因为你的勤奋将会为你创造无限财富。

沧海桑田，世界总是无限变幻的，没有永远的贵族，也没有永远的穷人。如同万事万物都处在不停地运动、变化一般，这种盛衰起伏的变化生生不息。出身卑微和家境贫寒的人，通过自己的勤奋、执着，用自己的智慧能创造出财富，同样能够功成名就、出人头地。

日本"推销之神"原一平在一次生日晚会上，有人问他，推销成功的秘诀是什么。原一平没有立即回答，只是脱掉鞋袜，请那位提问的记者上前来，对他说："请摸我的脚底板。"提问的记者虽然诧异却乖乖地摸了摸，然后他十分惊讶地说："您脚底的茧厚到可以当鞋穿了！"原一平笑着说："这就是我成功的秘诀。我走的路比别人多，跑得比别人快。"

提问者略一沉思，顿然醒悟，原来人生中任何一种成功都始之于勤并且成之于勤。勤奋是成功的根本，也是秘诀。

人的本性之一是趋乐避苦，懒惰像影子一样时常在我们左右徘徊，企图侵蚀人的心灵。歌德曾经说过：我们的本性趋向于懒怠。但只要我们的心保持积极，并时常给予激励，它就能挣脱懒惰的束缚。

的确，懒惰是年轻人最可怕的敌人。在青春的大好时光里，本来有许多事情可以尝试，但因为一次次的懒惰、拖延而错过了机会。"懒惰"的本身充满了诱惑，人一生随时都会与它相遇。比如，早上想在床上多趟几分钟，起床后不及时洗漱，拖拖拉拉地出门，能拖到明天的事今天绝对不动手……最后，懒惰让你一事无成，时间就在你拖延的时候悄悄溜走，留下的只有遗憾。

年轻人要靠自己的努力赢得他人的认同和尊重，只有这样的尊重才能长久。出生在富裕家庭的年轻人更要有进取精神。如果在父母创造的物质财富中养成好逸恶劳的习惯，最终只会变得一贫如洗，无论金钱还是精神财富都会离你远去。

所以，要想在生活的风浪中完善自己，就必须要战胜懒惰，那么从现在起，试着按以下的方法开始改变自己：

首先，你要承认自己有拖延的习惯，并愿意改正。这是处理问题的前提。只有正视问题才能解决问题。不承认自己懒惰，就不可能改正自己的错误。很多时候，年轻人会因为拒绝改变而拖延，如果是这样，那么改变的方法是强迫自己去完成，告诉自己这件事非做不可。

其次，你要严格要求自己，磨炼自己的意志力。意志薄弱的人最常犯"拖延症"。磨炼意志可以从身边的小事做起，每天坚持做一件简单又感兴趣的事情。只要坚持下去，就能逐渐改正懒惰、拖延的习惯。

环境也很重要。在整洁的环境里工作才能集中注意力，也不容易拖延。把身边的生活或者工作环境整理好，让自己感觉舒适，才能热爱自己的生活，从而产生积极的动力。另外，工作前做好准备工作，该准备的工具都准备好，这样才能专心工作，不会被打断思路，也可以避免拖延。

给自己定好计划。对每天的生活和工作作出合理的安排，制定实际可行的计划，让自己严格按计划行事。如果可以的话，最好在朋友面前公开你的计划，让身边的人对你起到监督作用，能让自己受到一些约束。

最后，如果对手里的事情感到厌恶，就多想想完成后会得到怎样的回报。这样就可以让你感到愉悦一些。克服懒惰最好的办法是让眼前的事情对自己有一定的诱惑力，你可以给自己制定一份奖励制度，以此来激励自己。

时间是最宝贵的财富，时间对每个人也很公平，你的时间别人偷不走，只有你自己可以掌握，而偷懒无疑就是你在浪费自己的时间，并且在拖延之后就会觉得时间不够用，接下来就会为自己的拖延感到痛悔。所以，只有战胜懒惰，改掉拖延的习惯，我们才能做时间的主人，才能从容不迫地度过丰富多彩的一生。

真诚地赞美别人

世间唯一不缺少的语言是赞美。

——卡耐基

莎士比亚曾说："赞美是能照进人心灵的阳光。"生活中，没有人愿意在集体中遭受冷落。不管在什么场台，每个人都希望自己能够受到尊重。这是人之常情，也是人性使然。因此，年轻人在与人交往时，要学会看到对方的优点、学会真诚地赞美对方，对他人的品格行为、审美和工作中所取得的成绩做出肯定，这样不仅能显示出自己坦荡的胸怀，还能为你赢得好人缘。

奥黛丽·赫本的美貌世人皆知，但她却说："美丽的双眼是用来发现别人的优点，魅力的双唇是用来表达对他人的赞美。"其实在日常沟通中，最难的就是心灵上的沟通，而赞美则是一座心灵的桥梁，能消除人与人之间沟通的障碍。

年轻人的眼里常常只容得下自己，认为自己才是最重要的，极度渴望得到社会的认同，在这种认同中才能感受到存在感。因此，每个人希望得到别人的重视，都渴望获得别人的赞美。赞美是一种艺术，真诚地赞美别人需要一种气度，将自己的眼光放开，学会欣赏别人的长处，肯定别人的优点，让别人获得成就感的同时，对自己也是一种督促，让自己在赞美中得到进步。

1921年的美国正处在经济快速增长的时代，那时候一个普通工人每个月的工资只有十几美元，可当时的"钢铁大王"卡内基却用一百美元的超高薪酬，聘请一位执行长官。这在当时是令世人震惊的。许多记者问卡内基："为什么给他那么高的薪酬？"

卡内基回答："因为他懂得欣赏别人的优点，会赞美别人，这是他最值钱的优点。"对"赞美他人能够给自己带来好处"这句话，卡内基是深信不疑的，甚至连他自己的墓志铭都这样写道："这里躺着一个人，他懂得如何让比他聪明的人更开心。"

年轻人在磨炼自己的过程中，学会如何赞美别人是获得对方认可和关注的最佳方式。"良言一句三冬暖"，赞美是一种语言艺术，更是一种勇气。在心理学领域有一个著名的"罗森塔尔效应"，它来自于心理学家罗森塔尔的一个实验。

罗森塔尔在美国一所学校随意拟订了一份"具有优异能力"的名单。并煞有介事地将这份名单交给老师。老师得到这份名单后，自然对这些学生另眼相看，并且赞美有加。不久，令人惊讶的事情发生了：但凡名单上列出来的学生，他们的成绩都得到了提高。由此罗森塔尔得出，鼓励、赞扬和肯定能开发出人的巨大潜能。

赞美虽然能让人心情愉悦，但只有发自内心的、真诚的赞美才能起到正面的效果。生活中，很多年轻人不愿随便赞美别人，害怕这样公开赞美别人会被误解为"拍马屁"。其实，真诚的赞美与虚伪的奉承有着本质区别：赞美是发自内心的对别人的欣赏和尊重，前提是真诚、实事求是，看到的是别人的美德；而奉承则是出于利益需要，口是心非、夸大其词的迷惑对方，目的是为了得到本不属于自己的好处。因此，真诚的赞美并不是"拍马屁"，更不是奉承对方。

有责任心才能成就大事

责任就像水、空气、食物一样重要。

——卡耐基

提到责任心，所有人都知道它的含义是什么，但真正能做到的人却寥寥无几。托尔斯泰曾说："一个人若是没有热情，他将一事无成，而热情的基点正是责任心。"责任心是年轻人即使在无人监督的环境下，依然能对自己的所作所为负责，是一种主动承担义务的态度。

有责任心的人无论做大事还是小事，都会努力、认真地做好，不会因为"拦路虎"而半途而废。那到底什么是责任呢？责任就是担当，是付出。责任感不仅体现在"担当"，也体现在许多方面，比如独立判断、选择并接受自己选择的后果，不怨天尤人；做事善始善终，注重质量，而不是敷衍了事等等。

在某届奥运会上，坦桑尼亚的马拉松选手艾克瓦里孤独地在赛道上奔跑，他吃力地跑进了奥运体育场，但成绩却令人沮丧，他是最后一名抵达终点的选手。

这场马拉松比赛的冠军早就领完了奖杯，在开庆功宴了。因此艾克瓦里抵达体育场时，整个赛场已经几乎空无一人。埃克瓦里的双腿沾满汗水，他的脚上绑着绷带，坚持跑完了最后一圈，到达了终点。

在体育场的一个角落，一位记者默默地关注这一切。在好奇心的驱使下，这位记者走了过来，问艾克瓦里，为什么要这么费劲地跑到终点。这位来自坦桑尼亚的年轻人轻声但坚定地回答说："我的国家在两万公里之外，他们送我来这里，不是让我来听起跑枪响的，而是派我来完成这场比赛的。"

这句话让记者为之动容。没有任何借口，没有任何抱怨，动力来自他的使命和责任。艾克瓦里的精神让人敬佩。

年轻人要对自己的人生负责，也要对自己所做的工作负责。责任感是让你立足于社会的根本，是获得事业的成功与幸福的关键。无论你现在的生活状态是什么样，都是由三年前的你决定的。年轻人要明白，是否重视自己的人生，会直接反映在你的生活状态上。所以，如果你正在为自己的处境忙得焦头烂额，那么首先要做的是停下来审视自己，别再"做一天和尚撞一天钟"。

无论对工作，还是对待学习，年轻人都不要忘记自己应该承担的那份责任。责任感不一定要由大事去衡量，从平常生活中的小事也可体现出你是否具有责任心。从一个人是否每天下班以前都会整理好自己的办公桌；是否会随手捡起地上的纸屑……这些小事所体现出的责任感不仅能反映一个人的品德，也可预测一个人的成败。

我们都知道"掩耳盗铃"是很可悲的，生活也一样。年轻人要学会面对现实，即使不是你要的现实，也不要自己骗自己。对自己负责是一种精神，也是一种积极的态度，你觉得自己很有能力，聪明过人，可事实是，随便一个人都能轻松将你打垮。

敢于承担责任和义务的生命，就像拥有了一对强壮的翅膀，在江河湖海间，在丛林沼泽中，都能轻盈地飞过，抵达理想的彼岸。年轻人，无论你有多少聪明才智，一旦缺少负责的态度，成功依然不会轻易降临。

拒绝完美，你不必面面俱全

生命的美妙之处在于，它总是存有一些遗憾。

——卡耐基

年轻人往往刻意追求完美，在生活中不管是为人处世还是衣着打扮，都希望自己能够面面俱到、做到最好。这种积极的心态固然可嘉，但同时你也要知道，众口难调，总会有人对你不满意，太努力地追求面面俱到，也许最后的结果只是一事无成。年轻人要把眼光放长远一些，别被眼前的事物狭隘了自己的心境，觉得自己为了做到完美，承受了太多的压力，从而"顾影自怜"。其实完全没必要这样。

年轻人要学会卸下肩头的重担，让自己轻装上阵才能感受到生活中的每一处美好。而完美是一种理想境界，可以接近完美，但没有人能达到完美。美国前总统富兰克林·罗斯福曾公开向民众宣布，如果他所下达的决策的正确率能够达到75％，就已经达到他预期的最高标准了。罗斯福尚如此，年轻人又何必对自己太多苛刻呢？当你完成一件事情后，可以反思，也可以总结，但千万不要因一些小小的失误而自责。因为当你为自己的过错懊恼时，你将会错过更多的机会。

杰克是一个普通职员，由于工作认真被提升为主管。他是一个不折不扣的"工作狂"，在工作上全身心投入，几乎是废寝忘食。对上司交给自己的任务，杰克从来不敷衍了事，总是一丝不苟地要求自己做到最好。对于上司给他的额外工作，他也毫无怨言地接受并勤勤恳恳地完成。一些同事找他帮忙，不管是不是自己应该做的事情，他总是不忍拒绝，想方设法地帮别人完成。

后来几位下属见杰克总是想面面俱到不愿得罪人，就纷纷寻找借口减少自己的工作量。杰克分身乏术，忙得焦头烂额，却又不好意思说"不"。结果原本明明不是杰克的工作，全都落在了他的头上。所做的事大大超过了自己的能力所及，把自己累得半死，几乎到了崩溃的边缘。

某天他回到家，突然领悟了一个道理：为了面面俱到做一个完美的上司，反倒让自己更累。因为总是怕对方不满意，小心翼翼地行事，这太辛苦了！为什么不对自己降低一些要求呢？这样才能真正地享受生活啊！

的确，年轻人要明白一个道理：人生是自己的，不要管别人怎么看、怎么说，遵从自己的内心，不必面面俱到，给自己带上无形的枷锁，这样才能拥有不一样的人生。美好的事物人人都喜欢，但任何事都要掌握一个度，超过便会失去平衡，带来不良后果，对美的追求也一样。追求完美的人常常会在意自己的每一个细节，比如在公共场合讲话时出现了一个失误，有的人要求自己把工作做到完美……这些追求完美的人让自己承受了巨大的压力，反而不会成为真正的强者，因为害怕失去，他们变得胆怯。

事情总是有好有坏，完美主义也是一把"双刃剑"。它能促使年轻人产生向上的动力；同时，这种追求完美的心态也是沉重的包袱。在生活的压力下，追求完美的人往往会发现自己对现实根本无能为力，从而变得急躁、自卑。这不仅使追求完美的人自己觉得痛苦，还会影响到身边的人，例如一位追求完美的老板，可能会对员工也抱有同样高标准的期待，这样一来就会给员工增加压力；如果是一位追求完美的丈夫，就会对妻子有很苛刻的要求，从而引发家庭矛盾。

年轻人要学会从不同的角度看问题，不能事事都要求自己做到最好。生活中你会遭遇很多令人沮丧的事情，如果一味追求完美，就会失去生活的重心和方向。生活总是跟想象的有千差万别，但正是这样才让我们拥有丰富的人生体验，这样的生活才能让年轻人得到成长。

但丁曾说：走自己的路，让别人说去吧！年轻人要将这句话运用在生活中。想要面面俱到，就不可避免地要改变自己的方向，可那就不再是原本的你了。年轻人，你的命运掌握在自己手里，何必为了取悦别人，而放弃自己独一无二的人生呢？

学会独立才能发现自己的能力

只有学会独立后，你才能发现自己原来比想象中强大。

——卡耐基

生活中，每个人都有自己的活动圈子，需要生活在一定的群体当中。既然生活在群体当中，那么年轻人就不免会产生依赖思想，常常将自己的问题抛给身边的人，让他们去解决。久而久之就养成了懦弱的性格，遇到事情自己无法拿定注意，而且很容易受周围人的影响。

卡耐基曾经对记者说："如果每个人都能拥有独立思考和充分发挥的空间，就能创造出最大的价值。"无论你从事何种工作，年轻人都需要有自己的思维和独创性，这是你在社会中得到一席之地的诀窍，然而这种独创性是在年轻人能独立的前提下才能产生。

卡尔养了五十只鸭子，每天他都把鸭子赶到田野里去放养，希望这些鸭子长大后，能够卖个好价钱。可是有一天，卡尔的鸭子突然间死了十只。于是，他跑到神父那里，向神父请教怎样救鸭子。

神父认真地听完卡尔的话，问道："你每天什么时候去放鸭子？"

卡尔说："我每天早上去放的。"

"嗯，这是个不吉利的时辰！你应该下午放才对！"卡尔谢过神父的劝告后，高兴地回了家。可是三天后，他又跑来找神父了。

"神父，我又死了十只鸭子。"

"这回你在哪里放牧的？"

"我就在我们家门口的小河里。"

"哦，错了！你应该把鸭子赶到前面的大河里放养。"

三天后，卡尔再次来到神父那里，带着哭腔对神父说：

"神父，昨天又死了十只鸭子。"

"不会吧，我可怜的孩子。你给它们吃了什么啊？"

"我给他们吃了玉米。"神父深思良久，开始发表见解："你做错了，应该把玉米磨碎再给鸭子吃。"三天后，卡尔有点不爽但又充满希望地敲开了神父的门。"又碰到什么问题啦，我的孩子？"神父得意地问道。

"昨晚又死了十只鸭子。"

"没关系，只要你充满信心，就能救活你的鸭子。那么，你的鸭子都在哪里喝水？"

"当然是在那条小河里。"

"真是荒谬！你怎么能给他喝河水呢？要给它们喝井水，这样才能阻止他们死亡。"

卡尔再次来找神父时，神父正埋头读一部厚厚的古书。"向您问好，神父。"卡尔说。

"是上帝召唤你到我这儿来的。你看，现在我都替你的鸭子担忧。"

卡尔却忧伤地说："神父，您不用为我的鸭子担忧了，因为它们已经死光了。神父，现在我已经没有鸭子了，以后该怎么办啊。"

神父沉默不语。深思许久后，叹息一声说："真可惜，我还有几个忠告没对你说呢！"

卡尔由于不能独立的分析问题，盲目地听取神父的意见，导致自己的鸭子接二连三地死去。如果他能够独立思考、富于主见，而不是事事都靠别人帮忙，那么即使犯了错误、付出代价也是值得的。因为我们的大脑是用来思索的，所以年轻人培养自己的独立性是很有好处的。

年轻人想要独立要从生活中的小事做起。首先要学会自己处理一些紧急事件或者一些小麻烦，不能遇到问题就找父母或是朋友帮忙解决，而要试着靠自己的能力去解决问题。比如独自出一趟远门、独自去一趟菜市场，跟小商贩讨价还价等等。在这些小事中你能积累出一些处理麻烦的经验，最终这些经验会化转变成一种处事能力。

其次，可以在心理上给自己一些暗示。每当自己习惯性地想要依靠、求助时，就告诉自己：如果现在身处荒漠，身边没有任何人可以帮忙，靠自己才是唯一的办法。这样把自己放到孤立无援的情况下，养成独立解决问题的习惯后，渐渐地就算别人主动要帮你，你也会尽量想要自己完成。这是积极的表现，说明你信任并渴望自己做好某事。

俗话说"靠山山会倒，靠人人会跑"。没有人能永远替你做决定、拿主意，年轻人要学会独自解决困难，这样你的聪明才智才能得到发挥。换句话说，在人生的舞台上，那些困难与挫折正是你锻炼自己的机会，是你施展才干的舞台。

第二课

投入，在工作中实现自我价值

有人说：把工作当成一种乐趣，那么你的人生就是天堂；把工作当成一种义务，那么你的人生就是地狱。没错，一个人越是热爱自己的工作，也就懂得自己想要什么，工作效率也会随之提高。而不热爱工作的人，除了不停抱怨，敷衍工作，也失去了生活中的快乐和目标。

高尔基说，天才是由对事业的热爱而发展起来的。再纵观历史，无数的帝王将相、文人墨客、商界精英，也许他们的「职位」不同，但他们对自己所从事的「事业」却有着相同的热情。可见，热爱所从事的工作对一个人的成败至关重要。

在工作中找到乐趣

只要你"装出"对工作感兴趣的样子，就有可能使你产生真正的兴趣，也可能减少你的疲倦、紧张与忧虑。

——卡耐基

对于现在的很多年轻人来说，除了吃饭睡觉娱乐，剩下的就是工作。工作是为了保障自己的基本生活需求，同时也可以更好地提高生活质量。从另外一个方面来说，工作也是体现年轻人自我价值的最主要途径，同时也为社会创造更多的财富，这样能帮助年轻人获得成就感和存在感。可是现在社会中竞争异乎寻常的激烈，并不是每个人都能找到满意的工作，甚至有很多人为了生计而被迫放弃自己喜欢的事业。于是枯燥、乏味、毫无意义等等，这些充满负面情绪的字眼纷纷从年轻人口中蹦出。

艾伦去巴黎参加一场时装发布会，因为开会的地点离下榻的饭店比较远，艾伦照着地图研究了半天，却仍然没找到去会场的方向。于是他走到大厅的服务台，请当班的服务人员帮他指明方向。

当班的服务员是位身穿燕尾服、头戴礼帽的老先生。带着灿烂笑容，他优雅地翻开地图，仔细地写下出行指示，并把艾伦带到饭店门口，对着马路比划会场的方向。

他热忱的笑容让艾伦如沐春风。在来法国之前同事们曾告诫他"法式服务"是所有服务当中最冷漠的一种，要做好被冷落的心理准备。但是这为老先生让艾伦见识到了如此动人的一面。他不禁对这位老先生产生了好感。在道别之际，老先生微笑着说："不客气，你会很顺利地找到会场。"接着他又说了一句，"我相信你一定会很满意那家饭店的，因为那儿的服务员曾经是我的学生。"

"太好了！"艾伦笑了起来："没想到你还有学生！"

老先生的脸上笑容更灿烂了："是啊，我已经在这里工作了 25 年，培养出无数的服务员，我敢保证我培养出的每一位服务员都是最优秀的。"老先生的言辞间流露出一种自然而然的骄傲。

艾伦不知道的是，这位老先生 25 年来，勤勤恳恳地为旅馆服务，并且对自己的工作充满热情。他总是对人说："我认为，能让别人感受到美好，是一件很幸福的事情。每年有无数外地旅客到巴黎观光，如果我的服务能帮助他们减少出门在外的胆怯，让他们有宾至如归的感觉，让他们度过一个愉快的假期，这难道不令人开心吗？每次看到他们脸上的笑容，好像自己也跟着游客度过了一个美丽的假期一样。"

老先生在单调的工作中找到了成就感，他热爱自己的工作，并因此而感到快乐，即使他只是一家旅馆的服务员。有人做过统计，人的一生中，工作时间占人生的 1/3。试想，假如你对自己的工作毫无热情，抱着得过且过的态度，那么除去睡觉休息的时间，你的生活显然是索然无味的。因此，在工作中找到快乐不仅能提高工作质量，还与生活的质量息息相关。

生活中，总有人对自己的工作怎么也提不起精神与热情来，日复一日、年复一年地处于被动状态，在枯燥乏味中消磨时间。这其实是由很多原因引起的。

首先，年轻人要找准自己的定位。每个人的兴趣爱好和擅长的领域都不一样，你应该根据自己的实际情况选择自己的工作。如果盲目跟风，见别人的工作挣钱多就去凑热闹，这不仅无法让自己在工作中找到乐趣，还会让自己的心情变得沉闷。因此，年轻人要享受自己的奋斗过程，就要选择适合自己的道路。

其次，要提高工作效率。年轻人在上班时总爱拖拖拉拉，想方设法打发时间，每天一到公司就盼着下班。于是手里的工作越积越多，心里的压力也越压越重。这样就会让你变得烦躁不安、心情恶劣。所以，年轻人要想在工作中找到快乐，就必须改掉拖延的坏习惯，这样才能减少工作中的烦恼。

再次，要调整好工作与生活的节奏。因为工作压力的关系，很多人下班后会选择留在公司加班，或者把没做完的工作带回家接着做。这样一来就会挤压你的娱乐时间，影响生活质量。因此，工作和生活之间的平衡点一定要找好，否则就会让你感到力不从心。

也许你不能选择自己喜欢的工作，但是在现实面前你得学会接受，与其每天在工作中忍受痛苦，不如试着发现工作中的乐趣，挖掘快乐的元素。做自己喜欢的工作固然是一种快乐，但是喜欢自己的工作同样也能让你拥有好心情。也许你可以试着让快乐成为工作的动力，在工作中享受快乐，让工作成为一种乐趣，换一个心态，就能够享受到快乐的生活。

为自己定一个人生规划

没有计划的人生，就好比迷失方向的航船。

——卡耐基

每个年轻人对未来都抱着满满的希望，想要拥有满意的职业，拥有一份属于自己的成功。但是，在把梦想变成现实之前，你首先要做的就是给自己定一份职业规划，确定自己的优势和劣势之后，结合现实为自己设定一个正确的人生目标。否则，你将会成为一棵随波逐流、漂浮不定的水草，永远也走不到自己的目的地。

德明刚毕业时，进了一家知名公司担任行政助理一职。他每天的工作很乏味，不过是将形形色色的报表拿去复印、装订之类的活儿。面对这样枯燥又没有发展前途的工作，他并没有像其他人那样选择跳槽，换一个行业或是别的公司，因为他对自己的人生有明确的目标，所以他选择坚持走下去。

在复印和装订报表时，他总是比别人更仔细地查看各种报表的填写方法，并逐步学习分析公司的财务开销，并结合公司现有的项目揣度公司的经济管理。工作一年时，德明向老总汇报了公司一些不合理的发展策略，并提出了相应的改进意见，得到了老总的赏识。

三年后，德明成功地升为公司的高层决策人。从一名助理到公司的高层，德明的成功在于他对自己职业生涯的规划。正确的人生规划就好比是探索旅程的指南针，它会告诉你准确的航行方向，什么时候该乘风疾行，什么时候又该撤帆避浪，最后完美地到达目的地。

在人生的每个阶段都有不同的重点和方向，都有实现目标的需求。目标的实现与否，将直接决定你的人生会获得成功还是面对挫败。这影响着年轻人的生活质量，同时也决定你的人生是否精彩。而对自己的人生做出明确的规划，就是将自身的发展与目标相结合，将影响你人生发展的个人因素、社会因素和环境因素等进行分析，从而制订出适合自己的发展计划。

在为自己量身制定规划时，年轻人要考虑这几个问题：你想成为什么样的人？你想从事什么样的工作？你将如何完成你的目标？带着这几个问题去思考，结合自身和现实条件，才能作出适合自己的人生规划。

首先年轻人要学会自我剖析。一个人的性格、兴趣、技能、天赋和价值观对职业的选择会起到决定性的作用。因此你要慎重地对自己的条件进行评估，客观地测评自己的行事风格、职业兴趣等，这些都能让你更了解自己、看到自己的优点。

选择工作时年轻人还要重视个人因素。比如你的专业是学会计的，却去跑销售，那么业绩就不会让人乐观；如果你喜欢从工作中得到满足感，就应该选择比较容易完成的工作来满足自己的心理需求；如果你性情严谨，做事力求完美，就比较适合会计、档案管理等需要耐心的工作……

透彻地了解自己之后，就可以开始寻找满意的工作了。根据你所得到的机会，选择最适合你的工作，尽快融入公司的环境和新的角色中，并在工作中为将来的发展积累能量。找到新的工作，开始全新的生活后，年轻人不能掉以轻心，因为你要走的路还很长。

要实现事业的成功，就要拟订具体的行动计划，每天都严格要求自己按目标行事，这样你的事业才不会是盲目前进的。随着时间的流逝，你在新的工作中会掌握一些新的技能，对新的职业产生兴趣。这时你要懂得及时总结经验和教训、可以适当考虑是否应该调整自己的人生目标。

人生有许多事可做，最重要的是要知道自己最适合做什么，只有做自己最适合的工作才能让你感到愉快，也最容易做好。因此，年轻人在给自己制定规划时，不要盲目追求热门职业，从而影响自己的发挥。做你真正想做的事，才能点燃你心中的热情，才能给你带来激情和无尽的动力。

尝试做一份销售工作

尝试接受新事物，是激发个人潜力的方法之一。

——卡耐基

　　一提到销售，首先映入脑海的画面是"敲门、关门"，是电话里忙音的"嘟嘟"声。销售这份工作也许不那么神圣，甚至还有可能会被人看不起，被人厌烦，遭人厌恶，但必须承认的是，销售是一份很能锻炼人的工作。它能增强自己的交际能力、与人的沟通能力，能锻炼你的心理承受能力等等。因此，年轻人若有机会不妨尝试一份销售工作，它可以为你带来很多好处。

　　乔诺·吉拉德是美国有史以来最著名的销售员。他出生在美国的贫民窟，在这里他度过了不那么美好的童年。很小的时候，他为了生活去街上给人们擦皮鞋，靠微博的薪水养活自己甚至补贴家用。乔诺·吉拉德没有念过大学，他连高中都没有念完就辍学了。

　　父亲总是打击他，说他根本不可能踏入上流社会，成为一名受人尊敬的人。父亲的打击让幼小的乔诺·吉拉德很自卑，甚至有一段时间，他连说话都变得结巴起来。幸运的是，他有一个爱他的母亲。母亲常常告诉乔诺·吉拉德："乔，你应该用你的能力说明点什么，告诉爸爸你能行，你应该向所有人证明，你能够成为一个了不起的人。母亲的鼓励坚定了乔诺·吉拉德的信心，燃起了他对成功的渴望。当他找到那份销售汽车的工作时，他并没意识到自己的人生将会被改变。

　　在销售汽车的过程中，他慢慢地改变了自己，他丢掉了自卑的枷锁，锻炼了自己的口才。在工作中，经历过无数次的失败的推销策略后，乔诺·吉拉德还锻炼了自己的毅力。从此，一个不被看好的贫民窟走出来的孩子，竟然在短短三年内就载入了吉尼斯世界纪录，他被称为"世界上最伟大的推销员"。至今他保持的销售纪录仍未被打破——平均每天卖出六辆汽车！他成为了欧美商界的传奇式人物。

在现代社会，年轻人若想在人际交往中赢得好感，必然离不开"伶牙俐齿"。销售工作更是如此。口才的好坏，直接影响你的销售业绩，因此，销售人员都非常注重自己的说话技巧，以便取得更好的销售成绩。

当然，好的销售人员只拥有好口才也是不行的。有时候你声情并茂地介绍了产品的各种功能优势，但客户却一点也不心动。热情地对客户打招呼，换来的却是如临大敌般的逃避。这其实是有技巧的。好的口才并不仅仅是会说话，更重要的是能准确无误地领会客户的心理，与客户之间形成某种默契，从顾客的眼神、表情来判断内心的想法。这些教科书中没有提到的交往技巧，都可以在销售过程中去掌握。

销售工作还能提高你的审美观。推销产品其实就是推销自己。对销售人员来说，良好的形象是获得客户信任的基础。除了扎实的专业知识外，你的衣着、自身修养、礼貌等都会透露出你的人格魅力，也是赢得客户信任的重要条件之一。在销售过程中，年轻人必须要掌握着装礼仪，进而才能成功地推销产品。

此外，言谈举止是否得体也是非常重要的，态度谦逊的人，会让对方觉得你很有教养，从而受到欢迎。然而这是一个包括很多细节的行为，比如如何使用礼貌用语、选择性用语、说话的分寸和方式以及一些行为礼仪等等，都是影响你形象的因素。

所以，销售其实是一门提升自我修养和内在的工作，年轻人不要因为好面子而拒绝尝试，那样你将失去磨炼自己的好机会。在社会这个大环境中，每个人都会获得成长的机会，而销售恰恰是一份能加快你成长脚步的工作。

创业的经历必不可少

有很多人都说：平平淡淡就福，没有努力去拼博，又如何将你的人生保持平淡，又何来幸福。

——卡耐基

马云曾经对年轻人说"年轻人不要晚上想干条路，早上起来走原路。要想活得精彩，就少不了尝试自己创业的滋味。把你那些出色的想法付诸于行动，全力以赴为了梦想而奔跑，这样的人生才够味！"也许你也曾经想过要自己创业，但是这样的念头在脑海里只是一闪而过，很快就被各种琐事给淹没了。

其实，人的一生应该有一次创业的经历，让自己的能力得到淋漓尽致的发挥。只有拼搏过才有可能做出一番自己的事业，即使最后的结果是失败，也能从中汲取很多宝贵的经验，为以后的工作和生活带来益处。

安迪是一个富有的农场主，他住在一个小县城的火车站旁边。由于来往的行人比较少，火车站附近只有几家不成规模的小餐馆，而且饭菜也非常难吃。汉堡里夹的热狗是软塌塌的，看起来像是在冰箱里冷藏了一个世纪才拿出来；披萨饼硬得一口咬下去能硌掉门牙；还有让人提不起食欲的浓汤，只放几片剩菜叶子漂在里面……

安迪很少去这几家餐馆用餐，因为他实在不想看见那些让人丧气的事物。这天他突发奇想地来到其中一家餐厅，要了一份套餐。坐在餐厅里，看着门外稀稀疏疏的路人，安迪产生了一个想法：为了拯救那些刚下火车的人的味蕾，他要开一家像样的饭店，就在火车站！安迪当时已经五十多岁了，他并不需要开一家餐厅维持生计，他的农场能为他提供一切生活所需。但是安迪觉得，自己从来没做过任何富有激情的事，他要抓住这个机会释放自己的能量。于是他卖掉了农场，开始经营一家小餐厅。

几年过去了，安迪的餐厅成了当地的一个特色，甚至还有人专门乘火车赶来，就为了到安迪的餐厅吃一顿晚餐。安迪庆幸自己的决定，这次创业让他终于看到了自己的价值，也让他得到了更多人的尊敬。

创业并不是一件容易的事情，它需要年轻人学会理性地去对待每一件事。在创业的过程中你会遇到各种各样的难题，并且无论你如何懊恼、后悔都无法解决它，一旦你决定开始创业，就要付出全部的精力去面对。所以年轻人在创业前要考虑好创业的目的，了解自己的最终目标，要达到目标需要做好哪些准备……这需要年轻人具备长远的眼光，才能有所收获。

创业的经历能改变年轻人对人生的认识。当你为别人工作时，你的心态跟为自己工作的心态是不一样的。为别人工作时眼里往往只看到最近几年的升迁和工资，而不是从全局考虑。

作为老板，每一分钱的支出都是成本，能够节省下来就是利润。因此，精打细算必然是做老板的习惯，这种习惯也是在创业过程中逐渐养成的。因此，创业能让年轻人养成强烈的成本概念，不该花的一分不花。如果你没经历过创业的历程，恐怕无法体会到这点。

为老板工作时，容易产生英雄主义，希望能够在老板面前展示自己的本事，为了不让其他同事遮挡自己的光芒，就可能会冒风险做出一些特别的事情。而创业者绝不会有这种想法，他必须要为整个公司考虑，尽量做到低成本、低风险。因此创业者善于运用集体的力量，共同去完成各项工作。

为别人工作时，年轻人往往把工作按期限算计好，每天完成一部分，一到下班时间就各自做鸟兽状闪人，更别提加班了。但是创业者必须去解决问题，彻底地消灭"拦路虎"，对创业者来说，事业就是生命，工作就是生活。这种责任感是为别人打工时无法体会到的。

所以，年轻人如果有机会就一定不要错过。创业能让你的能力得到提高，让你的心态发生改变，即使创业失败也能让你变得更完美。在以后的工作中，创业的经历让你能更严格地要求自己，那么遵循"是金子总会发光"这句古语的逻辑，你一定会实现自己的愿望。

跳槽并无坏处

有时候，换条路你会走得更快。

——卡耐基

当你走进死胡同时，如果不转弯，就会无路可走，但如果你换个方向看，则会迎来光明。当你的薪水已经停滞不前，工作味同鸡肋，前途遥遥无望……这些工作中的问题，尤其是对刚踏入职场不久的年轻人来说，是很纠结的问题。也许当初是为了生活而选择自己不喜欢、也不适合的工作，那么长久地坚持下去就会让自己感到苦恼。这时，跳槽就在所难免了。

有两个商人，他们各自带了一卡车雨伞到北方去卖。去之前没做市场调研，他们不知道北方下雨的机会多不多，也无法得知能不能卖个好价钱，反正他们认为南方的伞质量好而且便宜，不管走到哪都能卖出去。

可真正到了北方他们才发现，北方人很少用伞，因为那里的气候跟南方不一样，常年干旱少雨，根本用不着雨伞。两个商人都傻了眼，一时间都陷入困境。

一个月后，他们在回家的路上相遇，一个垂头丧气，一个却意气风发。

"看你这兴高采烈的，是把伞都卖了，赚了不少的钱吧？"

"是啊，都卖了。"

"北方不下雨，谁用雨伞啊！我的伞堆得都快发霉了，你是怎么卖掉的？"

"伞还是那些伞，只是我卖的时候把'雨伞'都改成了'阳伞'。伞可以挡雨，也可以遮太阳啊！北方阳光那么强烈，很需要阳伞啊！"

另一个商人恍然大悟。

俗话说"人挪活树挪死"。当你感觉看不到希望时，也许是时候换个方向前进了。古语有"人往高处走，水往低处流"，为了自己的发展，为了更丰厚的薪水，年轻人谁都希望自己能找到满意的工作。然而找工作就像找朋友，得经过挑选才能找到最适合自己的。这对那些未跳过槽或曾经跳槽失败的年轻人来说，的确是一个挑战。

然而，跳槽要讲究技术含量，不是任何时候都适合跳槽的，作为资历尚浅的年轻人究竟该怎么跳才能跳得更好，是需要技巧的。有报告显示：90%的职场人认为自己的薪水太少，有74%的职场人对自己的工作并不满意。因此跳槽是许多人正在想或正在做的事情。但跳槽必须有所选择，不能没有目的地乱跳。

婚姻有"七年之痒"，工作有"三年之痒"。有数据统计表明，三年是从事同一份工作，从新奇到产生厌倦的一个界限。当你在公司无法得到继续发展的机会；当你对公司的环境产生审美疲劳，但又无法改变时，就可以准备跳槽了。

　　年轻人若对自己的的职业生涯没有明确的规划，那么跳槽必须要谨慎。也许当你换完工作之后发现，这家公司也无法满足你的要求，那么你就会陷入频繁跳槽的恶性循环中。一旦你对自己的事业有一个明确的目标，并决定开始执行时，如果目前的工作并不适合你的发展方向，那么你就可以开始寻找符合自己人生目标的机会了。当然如果因为跟同事闹矛盾、薪水不太符合自己的要求……因为这些问题准备跳槽就要三思而后行了。因为这些问题都是可以通过自己的努力去改变的，这时候的跳槽只会让你觉得自己更没用，反而让自己更烦恼。

　　跳槽之后有好处也有坏处。新的环境能激起你的热情，提高你的工作效率。经过慎重的选择之后，这份自己喜欢的工作还能提高你工作的积极性。然而任何事情都是具有两面性的，有好的一面就有坏的一面。

　　其实很多时候，工作的好坏差距只有一点点，但这关键性的一点到底该如何把握，很多人并不清楚。这时年轻人就有必要进行一番自我总结，调整好自己的心态，在知识、经验、能力等几个方面全方位地认识自己，理智地分析自己的处境，通过跳槽丰富自己的阅历，综合各家之长，从而为自己的才华找到发挥的舞台。

要有团队合作精神

堆沙子是松散的，可是它和水泥、石子、水混合后，比花岗岩还坚韧。

——卡耐基

提到团队这个词，年轻人会觉得这太常见了，但团队的具体意义到底是什么却鲜有人知道，很多人对于团队和团队精神的了解并不够深入和细致。卡耐基这样解释团队的定义：团队不是指很多人在一起工作的集体，而是代表了一系列鼓励、倾听和积极回应他人建议并对他人提供帮助。个人的力量是有限的，只有团队才能弥补个人的缺陷，使之达到完美。也许你的工作能力很出色，但如果你在公司总是独来独往，很少与他人交流，甚至拒绝与其他同事合作，你就无法在职场上得到晋升。

某广告公司公开招聘高层管理层人员，经过层层选拔，从几百名应聘者中挑选出了十位合格者，他们进入了复试。这次招聘的名额只有两个。于是在复试开始时，负责人将这十人随机分成A、B、C、D四组，每两人一组，每人领取一份相关资料，然后让四组人分别去调查新产品的市场情况。

两天后，十人将自己的市场分析报告交回负责人手中，负责人最终决定录取B组的两人，并解释说：“在这4组中，只有乙组的两个人互相借用参考了各自的资料，补全了自己的分析报告，他们具有团队合作精神，这正是公司所需要的人才。”

在职场打拼，很多时候都需要与人互相配合才能顺利地完成某个任务。那些只知道单打独斗，而没有团队合作精神的人，是无法真正发挥自己的能力的。现在的公司都非常注重员工的团队精神，微软的一位高层管理人士曾说："团队精神从侧面反映出员工的素质，一个人的能力很强但缺少团队精神是不行的。"从公司的角度看来，团队精神可以让企业在短期内取得较大的效益，在长远上看也更利于公司的发展。

职场中的年轻人应该明白团队精神的重要性。这不但是企业发展需要的，也是个人发展所要具备的。毕竟一个人再优秀，也会存在某些缺点，而这些缺点是无法改变或者极其难改变的。这时的合作就显得非常重要了。每个人都有自己的长处和不足，善于和别人合作，用他人之长补自己之短，你的能力就会不断得到提高，不但能够更快地做出成就，还会获得同事的支持，既能获得上司的赏识又能得到同事的好人缘。

林浩大学毕业后，进入一家公关公司做策划。他认为自己的写作能力很强，而且文笔优美，对策划的知识也非常了解，因此在工作中，他总是一意孤行，按照自己的想法去做策划案。可他的上司却不这么认为，在上司的眼里，一个优秀的员工是拥有团队合作精神的，并且林浩刚参加工作，有很多不足的地方还需要改进，所以他的策划案总是不符合上司的要求。有好心的同事建议他请教一下公司的老员工，在画面的处理上多和设计师沟通，但林浩却认为同事的劝告是轻视自己，对同事的建议根本不屑一顾。

三个月后，由于林浩做的所有策划案全都被客户否定，公司的同事也因为他傲慢自负的性格而远离他。最后，上司也不得不辞退了他。

林浩的事例在年轻人身上很常见，是值得我们仔细思考的。现在的年轻人有一个共同的个性，就是容易以自我为中心。当然，这也与家庭有密不可分的关系。现在的年轻人大多是独生子女，在家里都是小公主、小皇帝。父母的百般呵护使他们养成了习惯性的以自我为倾向。一旦踏入社会，这种性格就会阻碍年轻人的生存和发展。那么要想做好自己的工作，年轻人就要学会改变自己这种"以自我为中心"的习惯。

性格的养成不是一天两天的事，要想改变自己的性格是一件非常困难的事，但无论如何年轻人都应该主动去改变自己这种"自我"倾向。在问题面前，首先要从自身的角度去考虑，检讨问题是否因自己而起，思考自己能不能解决问题。这种适当跟"自己较劲"能使年轻人从"小人"向君子转变，一旦跨过了这个障碍，你就会变得更成熟，处事也会更从容。

按照这些窍门去试着与同事合作，并吸取他人的优点弥补自己的缺点，你就会变成一个善于合作的人，你在公司的地位也会上升，同时这还能增强你的工作能力，做出漂亮的成绩，这样你才会变成为别人眼中"会经营人生的人"。

别被薪酬束缚了你的价值

要想提升自我，必须作出特别的努力，额外的付出也许不是一件令人愉快的事，甚至可能是耗神费力的工作，但是长远来看，必然会有所收获。

——卡耐基

年轻人对自己的工作产生了疲倦心理后，常常会这样告诉自己：我为公司工作，拿多少钱干多少活，跟老板是公平交易。在经济社会中，这无可厚非，但如果年轻人用这种心态去完成工作，就会阻碍自己的事业获得成功，甚至影响自己的人生发展。

　　因为工作与工资的关系是无法用金钱来衡量的。虽然没有明确的规定，拿多少工资就要承担多少工作量，但事实上，只有你拿出了成绩，为企业创造了效益，老板才会给你更多的报酬。成绩是体现员工价值的最终标准。如果用"拿一千块工资就干一千块活"这种心态对待工作，不愿意付出更多的努力得到老板的赏识，那恐怕你永远都拿不到高薪，也无法做出一番成就。

　　初春的一天，一群建筑工人正在一座建筑物旁工作，这时一辆汽车缓缓开了过来，打断了他们的工作。汽车刚停下来，一个人从车里走出来，大声喊："宾，是你吗?"被叫做宾的人，是这群工人的经理，听到熟悉的声音他开心地回答："是我，安德鲁，见到你真高兴。"

　　安德鲁和宾热烈地拥抱了一下，两个人开心地聊了一会，然后安德鲁依依不舍地与宾分别。这个叫安德鲁的人，是这栋建筑物的拥有者。在老板走后，工友们好奇地问宾，怎么和老板这么熟悉。宾得意地炫耀，十年前，他和安德鲁同一天上班，一起在这家建筑公司工作。

　　这时一个同事疑惑地问宾，为什么你现在还在工地上工作，而安德鲁却成了公司的老板? 这下宾有些不好意思地说："十年前，我为一小时2.5美元的薪水工作，而安德鲁却是在为了整栋建筑物而工作。"

　　安德鲁和宾的差别就在于：只为薪水而工作的人，不管多少年，他仍然是为薪水而工作；而挣脱了薪水的束缚，为了做好工作而工作的人，在经过时间的沉淀后却成了公司的老板。这就是平凡者与卓越者之间的差别。

　　职场中，几乎所有的年轻人对薪水的多少都很关心，薪酬也成了同事之间攀比的一个硬件，薪酬也成了同事和朋友间敏感的话题。其实，对年轻人来说，这是一个误区。你所拿到的薪水是你为公司贡献后的剩余所得。对年轻人来说，你的奉献越大、付出的努力越多，你的薪水才可能会越高。

如今，许多年轻人有这样一个意识：为了老板工作，为了薪水工作，人生前进的唯一动力就是薪水。用薪水的多少来判定要为老板做多少工作。如果工资比较少就消极怠工，工作高就付出相等的劳动，这恰恰颠倒了薪水和价值的关系。年轻人要明白，是现有价值才有薪水，而不是先有薪水再决定你为公司提供多少价值。那些为自己的人生目标而工作的人，是不会计较薪酬的多少，而越是不计较，薪水反而会增加。

年轻人若只盯着薪水衡量自己该付出多少劳动，就会让你错失很多机会。因为每一个老板都希望看到自己的员工是认真负责并积极热情地对待工作。只有能够给老板创造最大价值的人，才会得到重用与赏识。年轻人要相信，在职场，老板和员工之间的工作关系虽然本质上是一种交换，但只有热情对待工作，努力创造最大价值的员工才能得到更多的薪水。

年轻人不要被薪水的多寡而限制住。根据薪水来付出劳动，就等于你的能力、未来全都限定在一个固定的圈子里，不会付出更多的努力，也不会得到上司的提拔。所以，年轻人不要为自己的工作和收入设限，只有勇于付出，不断努力，才能得到上司的重视。如果你想获得更高的回报，办法只有一个：努力表现，让自己的价值超出老板的期望。

领导气质需要培养

气质不是天生就有的，后天的培养才能让你拥有真正的气质。

——卡耐基

所有的年轻人心中都有一个英雄梦，渴望在将来的某天能功成名就，取得事业上的成功。想要实现这个愿望，年轻人就要有意识地培养自己的各种能力，比如组织能力、应变能力、管理能力等等，这些其实可以统称为"领导能力"。拥有这些能力后，这样你才能灵敏地抓住机遇，让好运降临在自己头上。

职场中，无论公司的规模大小，同一所公司的员工就是一个团队，那么在这个团队中总有一个人，他的言行能得到团体中大部分人的认可，并在某种程度上引导着团体的某些决策和行动。这种在团体中能得到大多数人拥戴的人，就是因为具备了一种"领导气质"的人格魅力。拥有领导气质的人并不一定是公司的高层，但是在任何一个团体中，总有一个人具有说服他人、引导他人的能力。

年轻人为了成就自己的英雄梦，为了在未来能做出一番事业，从现在开始就要学会站在老板的角度思考，用严格的标准要求自己，才可能取得更大的进步。

波文是一家物流公司的部门经理，但是在两年前，他还只是一个普通的快递员。虽然做着一份平凡又辛苦的工作，但是波文是一个对自己有要求的人，他不愿意一辈子只做一个快递员，于是他开始试着用老板的眼光来看待自己的工作。虽然有时候他完全可以安排其他人去完成工作，或者干脆对分内工作之外的事情不闻不问，但是因为他懂得从老板的角度看待自己的工作，所以波文不仅对工作的细节方面全部严格把关，而且对工作之外的事情也认真负责，发挥自己最大的能力，以获得老板的赏识。果然，两年下来，他的工作做得有声有色，而且跟同事关系也很融洽，团队意识很强。因为优异的表现，波文被调往总部工作，职位也得到了提升。

年轻人对待工作时，如果能学会换个角度，站在老板的方向思考，就会对自己的工作有更深刻的认识。这样不但能让你从同事中脱颖而出，而且处理工作的能力也会得到提升，从而让你具备做领导的气质。

想要成为一名拥有领导气质的人，年轻人就要培养自己的判断能力，做到遇事果断，不踌躇不定、拖拖拉拉。这也是作为一名优秀领导者必须具备的能力。遇事优柔寡断的坏处会让你错失最佳机会，也会让人对你的能力产生怀疑。因此要想培养自己的领导气质，就必须具备果断决策的能力。

要培养领导气质，年轻人还要懂得诚实做人。在现代经济社会里，诚实被看成木讷，成了懦弱的代名词。于是许多刚参加工作的年轻人，为了不被别人"看瘪"，试图把自己装扮成一个精于世故的人。其实完全没有必要这样，年轻人应该追求脚踏实地的进步，而不是靠面子功夫为自己赢得机会，而且诚实是做人最基本的原则。试想，一个不讲信用、习惯欺骗他人的人如何能取得大家的信任呢？更别提为自己树立权威的形象了。

年轻人还要懂得从大局利益出发。年轻人若考虑问题只从自己的利益出发，就很难得到团体的认可，那么你的所作所为自然得不到大家的认可，你的为人也不会得到大家的拥护。

一个优秀的领导者在考虑问题时，不会只顾自己的利益而置他人于不义的。从大局出发去考虑问题，才能设身处地为他人着想，你就可以得到大家的信任。领导者的气质不是一天、两天就能够培养成的，就如"罗马不是一天建成的"一样，年轻人要经过长期的培养和磨炼才能打造出领导者的风范。

对不喜欢的工作一样要认真

要敬业，就要学会善待你的工作，即使你不喜欢它。

——卡耐基

年轻人都希望能找到一份自己喜欢的工作，在愉快的工作气氛中享受生活，但现实却总是让人叹息。不是每个人都能幸运地找到一份自己喜欢的工作，那么我们就得学会适应环境，学会改变自己。即使你正在做一份自己不喜欢的工作，也不必每天愁眉苦脸，一副闷闷不乐的样子。你要做的只是调整自己的心态，逐渐适应所处的环境，不能因为做一份不喜欢的工作而消极怠工。"不喜欢"不是你敷衍工作的理由，一个懂得经营人生的年轻人，应该学会把无趣的事情变得有趣，还要明白，越是简单的事情越能锻炼你的能力。

野田圣子是日本最年轻的内阁大臣，而且她还是内阁唯一的一位女性大臣。她大学毕业之后，被分配到东京的帝国酒店当接待员。这是她踏入社会后的第一份工作，因此她很激动，她告诉自己：一定要好好干！可让她意料之外的是：上司居然了安排她刷马桶！

野田圣子出生于名门世族，在家里可是从来不用动手干粗活的，更何况是刷马桶这种又脏又累的活。可是她也没办法拒绝这份工作，只得自己动手，拿着抹布老老实实地做清洁工作。可上司偏偏对她的工作要求特别严格，必须要把马桶刷得光洁如新才算合格！

野田圣子当然知道光洁如新是什么意思，她也知道自己不适应、不喜欢刷马桶这份工作。面对上司的高难度要求，她陷入了困惑和苦恼中。她迎来了人生中第一个选择：是继续干下去，还是另谋高就？继续干下去对她来说太具有挑战性；另谋职业却代表她知难而退，这是懦弱的表现。她不甘心就这样败下阵来，因为她想起了自己刚到酒店时立下的目标：人生第一步一定要走好，不能随意放弃！

这时，一个前辈用行动给了她力量。前辈一遍遍地清洗马桶，直到光洁如新。前辈的行为让野田圣子认识到，自己的态度是不对的，就算是做自己不喜欢的工作，也要做到最好才能成为最出色的员工。

从此，她收起了以前的抵触情绪，认真、细致地做好自己的工作，同时她清理的马桶也是最干净的。她的工作也得到了上司的认可，在迈出人生成功的第一步之后，她也赢得了同事的敬佩。

野田圣子在做自己不喜欢的工作时，也表现出了她强烈的敬业心，这使她拥有了成功的人生。年轻人最好不要因为"不喜欢"而随意换工作。如果你对自己所做的工作感到困扰，那就要试着要找到让你产生困扰的原因。考虑清楚是因为自己的性格跟工作不协调，还是受其他因素的影响。考虑清楚自己到底喜欢什么样的工作，哪一类工作能让你投入、能给你带来成就感，然后再尝试找到适合自己的工作。

面对一份自己不喜欢的工作，年轻人要试着调整自己，改变自己对工作的看法。每个人在选择职业的时候都会综合自己的性格和兴趣去考虑，但是人的性格并不是一成不变的，因此对工作的兴趣也是可以培养的。如果眼前的这份工作并没有想象中的那么糟糕，也许你要换个角度考虑，是否要改变自己适应这份不错的工作。

美国著名心理学博士艾尔森的一次调查显示，那些获得成功的人中，有61％的人表示自己所从事的职业并非是自己最喜欢的，至少不是最理想的。但是这61％的人，他们都取得了自己事业上的成功。所以，即使面对一份自己不喜欢的工作，也不能懒惰、敷衍，而应该投入最大的热情。对工作的感情是在工作中产生的，就像你养成某种习惯一样。年轻人不要好高骛远，这山望着那山高，抓住眼前的麦穗才是实实在在的。

让自己成为无法复制的人

我的座右铭是：第一是诚实，第二是勤勉，第三是专注工作。

——卡耐基

职场的竞争一直是"弱肉强食"，有能力的人"多劳多得"，可以说现在的职场对每个人的机会都是平等的，也是开放的。但职场中的"能力"不是与生俱来的，而是通过不断的积累经验锻炼出来的。年轻人要想成为一个有能力的人，就要在工作中不断提高自己，让自己成为一个独一无二、无法替代的人，你的能力就是你的招牌，没有人能抢走也无法复制。拥有这般本事的你，无论处在什么环境，都能取得事业的成功。

强尼从学校毕业后就进了一家知名的广告公司。老板很看重他的创新能力，可是同事丹尼尔却对他很不满。丹尼尔是公司的老员工，已经在这家公司做了五年了，自从强尼进了策划部后就和丹尼尔一起负责活动的策划。

强尼的到来成了丹尼尔最大的威胁。进公司后不久，他们就接到一个重要的项目，由强尼和丹尼尔共同负责。为了这次的策划，强尼付出了很多努力，他每天都加班到很晚，新创意一个接一个地产生。

可没想到，策划案交上去之后，丹尼尔却单独去找老板，汇报了这次的策划工作，却绝口不提强尼的名字——两个人的努力一下成了丹尼尔一个人的功劳。在这之后，强尼每次策划讨论，都当着大家的面把自己的创意说出来，让老板知道，这些都是自己的劳动。

强尼非常了解自己，他知道自己擅长的是什么，比如他知道如何揣摩客户的心理——这些都是丹尼尔没有的。在以后的工作中，强尼不断提高着自己的优势。而丹尼尔自从那次抢了强尼的策划之后，就再也没拿出过好的方案，他的创意总是被老板否决。半年之后，丹尼尔主动提出了离职。

有真本事的人，无论从事什么行业都会得到重视。无论你是生活优越的白领，还是每天忙碌的销售员或者商场里的售货员，我们每个人都是凭借自己的价值获得相应报酬的，如果想要在职场中脱颖而出，就必须把心思多放在如何为老板创造更多的利益上，而不是要心计、动歪脑筋获得老板的赏识。年轻人要明白，当你为老板提供价值让其受益时，对你自己也是一种锻炼，你同时也在为自己创造财富。在工作中不断得到成长，你才能摆脱被淘汰的命运。

美国汽车大王亨利·福特曾经说过：只有尽职地工作，为顾客提供更多、更优质的服务才能获得收益。年轻人要让自己成为不可替代的人，还要学会对自己的工作尽职尽责，不能 抱着"混一天，是一天"的态度工作，这样马虎了事的态度，虽然能让你轻松一些，但那只是暂时的。用这种态度对待工作的员工，一旦公司发生人事变动，被裁掉的几率比那些认真工作的人要高。

虽然有时候你会认为自己的努力和报酬不成正比，但这是受市场竞争的影响而在所难免的。可"给予越多，收获越多"这条原则却是一直存在的。当你付出的越多，你为公司创造的利益越多，你被别人替代的概率也就越低。而且，当你认真负责地工作时，你会惊奇地发现，自己身上的一些潜能也得到了开发，你会在平凡的工作中发现更多的乐趣。这不仅提高了你的自信心，还让你成为一个不可替代的职员。

生活中，每个人都具有自己独特的优势，当你懂得发掘出自己的优势并认真加以培养，才能让自己朝着理想的方向迈进，才可以将自己的优势完全发挥，成为所处领域里真正的无可替代的人。

别慢待你的工作

人生如舞台，如果你单单叙述一件事情，就无法打动人心。

——卡耐基

年轻人在生活中可以完全释放自己的个性，对不喜欢的事情给予毫不留情的批判；对不喜欢的人可以跟他划清界限或是有意慢待，但有一件事情是年轻人必须认真、负责地对待，不容许有半点慢待的，那就是自己的工作。

在职场中，年轻人对自己的工作应该按时、保质、保量地完成。不要抱有"即使我不做自然会有人来做"的心理；也不要认为在工作中"偷工减料"不会被上司发现。会经营人生的年轻人会把他所从事的工作，当成自己的事业一般，倾注全部的热情做到最好。这当然不是自欺欺人，因为当你投入到工作中去的时候，才能最大限度地从工作中得到进步。

三个建筑工人负责修建同一座教堂，但每个人对这份工作的看法都不一样：第一个人认为这是一份"苦差"，每天要工作辛苦工作八小时，工资还少到只够填饱肚子；第二个人认为这份工作勉强凑合，反正辛苦一天也供一家人吃饱饭；而第三个工人则不一样，他认为这份工作很有意义，因为是他觉得自己参与修建的这座大教堂将流芳百世，连同修建它的人都将青史留名，也许他还能骄傲地领着自己的后人来参观，可以与后人诉说修建的历史。

同样一份工作，第一个工人觉得是很辛苦，越做心里越烦，身心都很痛苦；第二个人相对平衡；第三个人就不会觉得辛苦，他觉得自己是在为教堂服务，是在做一份伟大的事业。

年轻人最容易犯的毛病就是"三分钟热情"，对待工作也一样，时间一长对工作失去耐心，就容易产生厌倦情绪，渐渐地变成了"三天打鱼两天晒网"。每天漫不经心地工作，遇到问题能敷衍就敷衍，总之能不做的事情就不做，而且一遇到一点事情就想请假。

其实，作为一个普通人，平时有点急事或者偶尔感冒头痛也是在所难免的，而且公司也并非不准员工请假，但是过于频繁地请假也会影响你的工作质量和效率。再者，因为对工作失去了热情，有的年轻人并不是因为真的生病，而是给自己找一个请假借口。

珍妮在公司上了几个月的班后，渐渐地对工作产生了抵触情绪。其实并不是工作条件太差，而是因为珍妮是一个自由散漫的人，她觉得生活是用来享受的，而工作则是其次。因此，她常常要些小聪明应付工作，有时碰上一点头痛脑热的小毛病就装出一副痛苦不堪的样子，去跟老板请假。遇上朋友约会或纯粹不想上班的情况，更是找借口请假不上班，每次总是理由充足。老板虽然每次都批准，可是心里也有意见。

一次，珍妮又请假说家里有急事，要回老家处理。可是，当珍妮返回公司时却被告知自己已经被解雇了。原来珍妮与朋友去旅游了，本以为能瞒天过海，却不料，老板的一个朋友在飞机上遇到了珍妮。珍妮的谎言自然穿帮。老板知道后，认为珍妮既然喜欢请假，不如成全她，放她一个长假好了。

有的年轻人认为请假是一件很平常的小事，反正请假扣工资，没什么大不了。然而，这其实是对公司，也是对自己不负责任的表现。如果你不遵守公司规章制度，自由散漫想上班就上班，必然会给上司留下缺少责任心的印象，如果由于你没有时间观念而影响到他人的工作时，那更是会引起上司的不满。

无视公司制度，对工作不负责是慢待工作最显著的表现。无论你所供职的公司如何人性化，也别过分放任自己。也许上司不会因为你早退三分钟而斥责你，但是赤裸裸地挑战老板的耐心对你没有任何好处，不仅上司会对你有意见，还会让同事对你"另眼相看"。因为"群众的眼睛是雪亮的"，你在公司的一举一动都被别人看在眼里。

敷衍你的工作对自己来说，完全没有好处。年轻人要明白"天上不会掉馅饼"，即使你侥幸占过那么一两次小便宜，但长此以往必然会阻碍自己事业的发展。年轻人要明白，慢待工作其实就是敷衍自己，因为在工作的过程中你能找到人生的价值和意义，而并不仅仅只是完成任务，在工作中你能够正确认识自己、更加完善自己，所以，请认真对待工作吧！

别看不起你从事的工作

一个不注意小事情的人，永远不会成就大事业。

——卡耐基

年轻人有时会走进职场的误区，把工作当成谋生的需要，仅仅是"养家糊口"的技能。对自己所做的工作缺乏感情，没错，是"感情"。卡耐基曾经说过：通过工作，能保证你的精神健康；在工作中进行思考，工作就会变成一件快乐的事。

有的年轻人觉得自己做的工作低人一等，无法在工作中体会到成功的乐趣。也许某些行业或某些工作的确看起来没那么高雅，工作环境也不如人意，无法得到社会各界的肯定，但是，请不要忽略这样一个事实：实用才是衡量是否伟大的尺度。在许多年轻人看来，公务员、银行职员或者白领才是让人羡慕的职业，才能得到社会的认可。但是年轻人也不要忘了，只有热爱你所从事的职业，才能在工作中有所突破，成为该领域最出色的人物。

杰夫和戈登是一家专卖太阳镜公司的员工。不同的是，杰夫觉得这份卖太阳镜的工作，让身边的朋友很看不起他，而且他也觉得这份工作没有发展前途。但是又找不到合适的工作，只好"当一天和尚撞一天钟"。与杰夫不一样，戈登是一个很乐观的人，他善于从简单的事情中发现乐趣。这次他们被派往非洲的一个小国家进行考察。这个小国在一片大沙漠附近，气候炎热、干燥，一年也不下几回雨。

早晨，天还没亮太阳就像充足了电的烤箱一样照耀着大地。杰夫和戈登特意起了个大早，趁着阳光不强烈时出发。等他们赶到集市时全都汗流浃背。他们在市场观察了一阵，却没有见到一个人戴太阳镜。见到这种现状，杰夫和戈登表现出了两种截然不同的态度：杰夫垂头丧气，而戈登却是满心欢喜。

下午，杰夫和戈登分别给老板回电话。

杰夫说："老板，这里是很热，阳光很刺眼，但是街上没有一个人戴太阳镜，我认为这里不适合开发市场。"

戈登说："老板，告诉您一个好消息，这里没有一个人戴太阳镜，在这里推销我们的眼镜肯定能赚很多，您就等着好消息吧。"

等他们回到公司后，老板提拔了戈登，却没有给杰夫任何奖励。一个看不起自己工作的人，同样也不会得到上司的重视。

那些用辛勤的劳动养活自己的人都是值得尊敬的。只要你诚实地劳动和创造，没有人能够贬低你的价值，关键在于你如何看待自己的工作。那些只知道要求高薪，却不知道自己应承担的责任的人，无论对自己，还是对老板，都是没有价值的。

年轻人应该在现实的工作中找到自己的位置，发现自己的价值。人不能无所事事终老一生，而是应该结合自己的爱好，找一份适合自己的工作，无论从事什么行业都要乐在其中，而且要真心热爱自己所做的工作。

古罗马的一位智者曾经说"所有手工劳动都是卑贱的职业。"从此，古罗马的辉煌就开始衰败。亚里士多德也曾说过一句让古希腊人羞愧的话：一个城市要想管理得好，就不能让工匠成为自由人。他们是不能拥有美德的。他们生来就是奴隶。"

工作的本身是不存在贵贱之分的，但是年轻人对工作的态度却有天壤之别，其实这只是自尊心作祟。因为看不起自己的工作，所以工作对你来说就是一种折磨。在工作的过程中倍感艰辛、烦闷，自然效率也不会高。年轻人要懂得，重视自己的工作，就是重视自己，如果把工作当成低贱的事情，就等于否定了自己。

那些看不起自己工作的人，往往是一些生活的弱者。他们被动地适应生活，不愿意为自己的理想奋斗，不肯尝试用自己的努力改变自己的生活。对于他们来说，一份安稳、固定的工作才是人生的终极目标；他们拒绝体力劳动，不愿意挑战自己的能力，认为自己应该活得轻松、自由，并且固执地认为自己比别人有某种优势，自己也会比别人更有前途，但事实上这只是一厢情愿的想法而已。

兴趣是取得成就的前提

经营人生的诀窍就是发展自己的长处。

——卡耐基

卡耐基说"经营人生的诀窍就是发展自己的长处"。因为经营自己的长处才能给你的人生增值，经营自己的短处就使你的人生停滞不前。爱因斯坦曾收到一封邀请函，请求他担任总统一职。但出乎人们意料的是，爱因斯坦没有丝毫犹豫就拒绝了。他说："我的一生都在跟客观物质打交道，缺乏天生的才智，也缺乏处理行政的经验，所以，我不适合担任这份重任。"爱因斯坦是明智的，他知道自己的兴趣所在，并且致力于发展自己的兴趣，所以他取得了伟大的成就。

莎士比亚曾经说"学问必须合乎自己的兴趣，方可以得益。"年轻人只有发现自己的兴趣，找到适合自己的事业，才能在工作中体会到自由和快乐。兴趣由好奇产生。一个人对生活中的事物是否有好奇心，往往能体现出他对生活的态度。战争并不经常发生，但有人对战争好奇，对兵法有兴趣，于是世上就有了军事家的存在；人类不能完全了解宇宙，当有人对星空产生了好奇，对天体物理大感兴趣，于是就多了许多科学家的存在……由好奇而引发兴趣，有兴趣才会投入，比如巴甫洛夫发表了条件反射学说，爱因斯坦提出了相对论，居里夫妇研究出了镭……这都是兴趣使他们获得了成功。

安得烈是一个体重超过 200 磅的胖子，由于体重的问题已经影响了自己的生活，他开始尝试减肥。一天，安得烈从朋友那里听说有一个很特殊的减肥中心，据说去那里减肥的人都拥有了自己满意的体型。

于是，安得烈便慕名前往那个减肥中心，准备尝试这种令人期待的减肥方法，希望能够减肥成功。

但是，令他费解的是，减肥中心的负责人并没有指点他如何减肥，而是记下了他的地址，让他回家等消息。第二天清晨，安得烈家的门铃响了，安得烈把门打开，只见一个美丽女子站在门口。美丽女子妩媚动人地对他说："我是昨天你去咨询过的那家减肥中心的私人顾问，我们负责人说了，只要你能追得上我，我就做你女朋友。说罢，拔腿就跑。

安得烈很激动，他第一次知道世上会有这样的好事，于是他便立即关门追赶。

接下来的几个月，这名美丽的女子每天都会准时按响安得烈家的门铃。

就这样，一连跑了几个月，安得烈确实减肥成功了，但他并不知道这是减肥中心安排的减肥训练，他心里想的是一定要把这名美丽的女子追到手。

减肥需要巨大的毅力，枯燥的器械运动或体力运动让很多人无数次减肥，却又无数次失败。但安得烈成功了，而且还是通过剧烈的跑步减肥成功，而他成功的秘诀就是，把兴趣融入到自己所做的事情中。虽然安得烈事先并不知情，但也体现了兴趣对成功的重要性。年轻人要学会经营自己的人生，就要做你最喜欢做的事情，然后把它做到最好。

然而，任何事情都有两面性，兴趣也有消极兴趣和积极兴趣之分。积极兴趣是能促进年轻人进步的兴趣，它让人不停顿在静观阶段，而是为满足自己的兴趣而积极活动，成为掌握知识、培养个性的前提。也就是说，人们对有兴趣事物的研究和学习，就有动力。但如果这种获取知识的心理需求被阻断，他就会产生失望、沮丧心情；同时，对那些自己不感兴趣的事物在心理上产生抵触情绪，这就是消极兴趣。因此，年轻人一旦找到自己感兴趣的事情，就要积极地开发这种兴趣，在兴趣的带领下获得更多的知识，从而得到成长。

聪明的人，会选择做自己感兴趣的事情。年轻人站在人生新的起点上，要为自己找准定位，认真分析自己的优劣，扬长避短，做自己感兴趣的事，这样成功的把握才会大一些。年轻人要多尝试新事物，充分开发自己的潜力，才会发现自己真正喜欢的是什么。当你的天赋与个性完全与自己的工作相协调，你才会干得得心应手。苏格兰历史学家、作家托马斯·卡莱尔曾经说：世界上最不幸的人要数那些不明白自己究竟想做什么的人。他们在生活中找不到适合自己做的事，简直无处容身。

第三课

沟通，积极打开你的人脉

草原上，猎豹和狮子爆发了一场激烈冲突。最后，两败俱伤。猎豹在断气前对狮子说：「如果不是你非要抢我的地盘，我们现在也不会这样。」狮子惊讶地说：「我从没想过抢你的地盘，我一直以为你要侵略我。」如果猎豹和狮子在悲剧发生前及时沟通，就能完全避免这场悲剧。

人与人之间的相处，也是如此，唇齿之间难免有磕磕碰碰。面对这些矛盾，你想过如何去解决吗？是双方争得面红耳赤大打出手还是不理不睬冷处理呢？显然，这些都不是明智的做法，不但无法化解矛盾，甚至还会激化矛盾。那么，应该怎么办呢？最好的办法就是学会沟通。沟通是了解一个人最快捷的方法，也是快速解决问题的途径。

可见沟通对于人际交往而言是多么重要。因此，我们要学会沟通，让沟通化解各种各样的矛盾，最终达到人际关系的和谐和美好。

微笑，让沟通更愉快

微笑是最具魔力的语言。

——卡耐基

年轻人在人际交往时若想给大家留下一个好印象，就要做一个真诚微笑的人。有一句名言"行动胜于言论"。微笑会让人觉得你是一个非常友善的人，在他人看来，微笑还传递着：我喜欢你，你使我快乐，我很高兴见到你等等此类友善的含义。这就是为什么我们总是喜欢同那些面带笑容的人打交道的原因。

美国密歇根大学的一位心理学教授在谈人际交往时的微笑时是这样说的：那些常常满面笑容的人，在管理、教育和推销当中会更容易获得成功，更容易感染所有和他们接触的人。笑容比愁眉苦脸能更友好地传达一个人内心的状态，这也正是为什么要鼓励用微笑取代惩罚的原因。而卡耐基在对他的学员进行培训时，也曾建议他们尝试，在一段时间内对别人保持微笑，然后再诉说他们的体验。

安东尼是镇上的一位兽医，由于医术高明并且为人亲切，他的诊所里总是挤满了前来给宠物看病的人。有一年冬天，他的兽医候诊室中像往常一样挤满了人，他们都带着自己准备注射疫苗的宠物。大家不约而同地沉默不语，全都烦躁地等着医生喊自己的名字，也许每个人都在想也许该干些什么，而不是呆坐在那儿浪费时间。

就在大家等待的时候，进来了一位女士，她带了一个婴儿和一只小猫。她坐在一位女士的旁边，而这位女生因为等待太久正一脸的不悦。幸运的是，当她朝旁边看时，发现女士怀里的那个婴儿正注视着她，并天真无邪地向她笑。

这位女士的反应和所有人一样，她对那个孩子也笑了笑，然后就跟那位母亲聊了起来，谈到了她的孩子和她的孙子。很快，整个候诊室的气氛开始变得活跃起来，大家也都相互聊天，之前令人心烦的等待也变得可爱起来。

婴儿的微笑改变了候诊室的气氛，这就是微笑的魔力。在人与人之间的交际中，微笑是最富有感染力、是放之四海皆准的人际交往的高招。微笑可以帮年轻人打通人际交往，甚至事业中的难关。曾经有一家大型百货商场的经理说："我宁愿高薪聘请一个没有文凭、但脸上总是挂着可爱微笑的女孩做员工，也不愿请一个高学历，但整天板着脸的女孩。"由此可见，微笑有时候能帮助年轻人改变自己的人生。

微笑的魅力是人们颂之不绝的话题，从古至今，靠微笑提升自己的形象、感染周围人的例子举不胜举。古代杨贵妃极富韵味的笑就像美酒一般，让皇帝倾倒，但在生活中，年轻人在保持微笑时也要注意一些地方，比如要笑得自然。微笑是发自内心的，是美好心灵的外在表现，这样才能笑得自然，笑得亲切。

微笑也要分场合。微笑并不是无所不能的，它并不是可以用于一切交际环境。有时候，微笑会让你显得无助，特别是在笑得太夸张的情况下尤其如此。当你去参加一个研讨会或是讨论一些比较严肃的事情时，是不宜微笑的。

年轻人还要掌握微笑的程度。微笑是向对方表示一种尊重，但是如果不注意程度，就会变味，反而引起对方的反感。那么，年轻人要想让自己的人生"蒸蒸日上"，想要让自己在与他人沟通时更有效，就要时刻保持微笑。微笑不仅能给对方留下美好的印象，而且还能让自己在生活中收获利益。

跟成功的人交朋友

朋友会潜移默化影响你的言行举止，甚至是思维方式。

——卡耐基

俗话说"萝卜白菜，各有所爱"，年轻人通常是根据自己的性格、脾气寻找那些与自己"臭味相投"的人。那些跟自己有相同的兴趣爱好的人，往往都有相同的话题，但是年轻人不能把自己局限在一个小圈子里，而应该向那些成功的人靠近，结交一些成功的人。朋友是一生中影响你最深的人，多与那些有所成就的人相结交，有时就能改变一个人的命运。

若你的周围都是有所作为的人，那么也会通过努力去赶超他们。同样，如果一个人总是与一些懒惰、散漫的人交往，久而久之他的品性也会变得恶劣。所谓"近朱者赤"，如果年轻人多与成功之人交朋友，久而久之你也会成为这些成功者之中的一员。可见，多结交成功的朋友对年轻人有益无害。西方有一句名言也说明了这个道理：重要的不是你懂得多少，而在于你认识谁。

2005年的春天，搜房网的总裁莫天全与法国 Trader 公司的一位高管 John 共进晚餐，由于两人谈得彼此非常投缘，大有相见恨晚之感，而法国这家公司的高管也很看重搜房网的前景。于是，John 打算向搜房网投资。而当时搜房网的运作非常顺利，资金充裕，并不需要通过融资来增加自己的实力。因此，这次投资的事情在董事会上提出时，遭到了大多数成员的反对，而莫天全仍然坚持让 Trader 公司入股。他认为，John 是全球最杰出的企业家之一，如果他融资入搜房网，将会对公司产生有利的影响力，对"搜房"的长远规划也会有很大帮助。

莫天全的想法是正确的。2006 年，在法国 Trader 公司的帮助和引荐下，澳大利亚电信以 54 亿美元的高价收购搜房网 51％的股份，促成了一桩皆大欢喜的买卖。

跟什么样的人成为朋友，在某种程度上会引导你的人生朝某个方向发展。在商业上如此，在生活中也是这样，真正的良师益友，往往愿意向你传授他所掌握的知识和智慧。这些知识能帮助你改正错误，使你少走弯路，进步得更快。

年轻人结交朋友要"少而精"。朋友不需要很多，但一定要有比你优秀、能力比你强的朋友，重质量不重数量，才是交朋友的根本。所谓"三人行，其必我师"，只要做个有心人，与朋友坦诚相见，你就能有机会结交到真正的朋友。当然，友谊也不是一厢情愿的事，朋友必须是互动的，想要结识比自己有能力的朋友，年轻人也需要不断提升自己，一旦建立起牢固的友谊，就要做到重视朋友，无论发生什么事情都不能以牺牲友谊为代价。

克林顿在少年时期，曾立志要当一位音乐家，并用实际行动表明了自己的决心。但是，当他在白宫遇到了当时的美国总统肯尼迪之后，肯尼迪的魅力让当时还是年轻人的克林顿羡慕不已，他决定放弃当音乐家的梦想，立志当一个政治家。从此，他的人生和事业方向有了改变。可以说，肯尼迪在克林顿的人生事业中起到了巨大的引导作用。如果没有遇到肯尼迪，也就没有前总统克林顿，反倒音乐界也许会冉冉升起一颗新星。

榜样的力量是强大的，那么年轻人想要结交成功人士，就要放下架子，学会主动出击。交友并不是守株待兔，等着别人主动上门，而是需要年轻人主动制造机会，因为那些成功人士比你想象中要忙碌，如果不自己制造机会，恐怕很难能接近到他们。

"蓬生麻中，不扶自直，白砂在涅，与之俱黑"。环境会影响年轻人的品德和个性，尤其是在成长期的年轻人，结交什么样的朋友往往决定了你的人生方向和价值观念。优秀的交际圈能帮助年轻人更好地经营自己的人生，结交成功人士越多的人，你就能得到更多的成功人士的朋友。因此，向成功人士靠拢，你的交友圈也会越来越宽，你的人脉资源也会变得更有质量，最终成为你经营人生的砝码。

克服羞怯，尝试与陌生人"搭讪"

一个人事业上的成功，只有15％是由于他的专业技术，另外的85％要依赖人际关系、处世技巧。软与硬是相对而言的。专业的技术是硬本领，善于处理人际关系的交际本领则是软本领。

——卡耐基

提起害羞，我们总以为只有小孩才会无法控制自己的情绪，让羞怯的表现透露自己的内心。随着年龄和阅历的增长，成年人就会逐渐克服这个弱点。然而事实并不是这样，斯坦福大学的心理学家经过多年研究和调查之后发现，成年人也会为无法控制的羞怯而感到烦恼。羞怯是一种社交恐惧症，来自于自卑与脆弱的内心，取决于人性深处的自恋程度。因为羞怯而不敢在公众场合发言的人，往往都会从心底排斥和恐惧社交，无法驱散内心的压力而导致无法正常表达自己的意见。

"社交恐惧"是一种不健康的心理状态，它与童年时期的某种行为印痕有直接的关系。例如，有的人小时候曾经在一次重要的场合因为心理紧张而发挥失常，受到了大家的嘲笑。从那后他就不敢在隆重场合发言了。那么，在以后的生活中，他就会被这个问题所困扰，因为我们人是生活在社会这个集体中，难免会有演讲、当众发表讲话的时候，如果不克服自己的羞怯，就会妨碍自己的人际交往，对自己的人生也会产生不利影响。

在美国洛杉矶的时代广场上，常常能见到一位白发老妇整日在广场闲逛。有人认为她是在散步，有人认为她是位无家可归的老人。直到有一天，报纸上登出了这位老人的事情，人们才知道，原来她是在熙熙攘攘的人群中搜寻需要帮助的无助者。

见到独自一人的小朋友，她就上前问一句："小朋友，是不是迷路了？需要我帮忙吗？"见到愁云惨淡的女孩，她会上前询问："孩子，发生了什么让你难过的事吗？说出来吧，或许我能帮助你。"这位白发老妇救助过因企图自杀的青年男女，帮助过离家出走的学生……

在这位老人的影响下，洛杉矶自发成立了一个救助组织，他们的口号是"多和陌生人说话"。现在，越来越多的人加入了这个组织，像那位老妇人一样，走上街头用他们的双眼寻找需要帮助的人

老妇人敢于开口的精神感动了所有的美国人，要知道，在人来人往中，敢顶住他人质疑的眼神，热情帮助别人，是需要强大的毅力做后盾的。那些不敢在大众面前开口的年轻人应该学习这位热情的老妇人，不必太在乎别人怀疑的眼神，不必有太多顾虑，你要做的只是说出自己的想法。

当然，要克服这种羞怯的心理也是有技巧的。在你感到自己可能会紧张的时候，可以尝试转移自己的注意力，把目光集中在周围的环境上，以此降低对外界刺激的敏感性。年轻人不要太过在乎自己的一言一行，不必担心自己会出现错误而被别人嘲笑，因为这样反而会让你处在莫名的压力之下。

年轻人还可以多与陌生人"搭讪",以此锻炼自己的心理承受能力。当你参加一个重要会议,遇到一位仰慕已久的前辈,你可能很想上去跟他聊上几句,可是你的羞怯,你害怕自己说错话,让你失态。其实,你有多少恐惧并不重要,重要的是你要走出这一步,主动去搭讪。可以说,搭讪是摆脱束缚你人际关系的一种方式,是对社交恐惧的挑战,它的魅力在于可以增加你与陌生人交谈的经验,是考验你的沟通技巧和心理素质的最好锻炼。

人际交往能力是年轻人经营自己人生的一个重点,想要让自己的的前途一马平川,首先就要学会大胆说出自己的意见,否则你又如何能展现自己的风采呢?因此,年轻人在人际交往中不必顾忌是否会有人反对自己,不必担心自己的表现是否完美,要学会放下这些压力大胆开口,当你勇敢地在陌生场合说出第一句话以后,羞怯感就会跟你说"再见"。

适当的时候要说"不"

合理的拒绝,可以使人免于误入歧途。

——卡耐基

在人际交往中,难免会遇到一些自己不喜欢的人或事,这时候就免不了要开口拒绝别人,如果是自己力所能及的事情,答应别人也无妨,但如果是一件自己可能无法完成的事情,常常会让年轻人陷入进退两难的境地。答应吧,可能要牺牲自己很多私人时间才能完成,而且还不一定能;可是又不好意思拒绝别人,担心自己不知道什么时候会有求于人。其实,年轻人在与人交往时要有拒绝别人的意识和勇气。

要知道一味地逢迎、妥协和逆来顺受并不会让你的形象变得高大，反而会让别人看轻自己。如果能适当地拒绝，而且拒绝得有理，你不但不会得罪对方，还会赢得对方的尊重，进而改变对你的印象。

你正忙着整理第二天开会要用的资料，上司走过来对你说："你先别做了，去给我买杯咖啡"，好不容易等到发工资的这天，你满心欢喜地准备去买那款期望已久的相机，但你的朋友却找你借钱；好不容易到周末，你想睡个懒觉，但朋友突然打电话来，要你和她一起去逛街……强迫自己做不愿意做的事情是非常痛苦的。但如果你碍于面子不敢说"不"，虽然满足了别人的要求，但你会给自己带来困扰。因此，年轻人必须学会拒绝别人。

在古代，一个富人养了一群狗，由于长得非常可爱，富人对它们也特别喜欢，甚至不惜减少家里人的口粮来喂养这些可爱的小狗。但是后来家道败落，生活条件每况愈下，最后几乎连人都吃不饱肚子。不得已，富人就打算限制喂狗的次数。但是，他又害怕狗会因此而不听他的话，于是便对它们说："以后给你们骨头吃，早晨三根晚上四根，可以吗？"狗听了都起来反对，场面乱做一团。没办法，富人又对狗说："那么，早晨四个晚上三个，行吗？"狗群一听，以为富人给他们的骨头增加了，都高兴得欢蹦乱跳。

虽然富人喂给狗群的骨肉数量并没有变，只是早晚给的量不同，而狗群所表现出的态度却截然相反。这是因为富人选择了一种容易让狗群接受的方式。同样，拒绝也需要技巧，拒绝别人的要求并不只是直接说"不"而已。

如果你听到"这种事情我做不到"、"我没有时间"、"我很忙，没时间帮你"……当你听到这种拒绝的话语后，会有什么样的反应？你也不会客气地说"好吧，那我就不打扰你了"。你可能会恼羞成怒，毫不客气地反击："你怎么这样小气，难道你没有求过人吗？"然后气愤地离开，也许你还会怀恨在心，在下次他需要帮忙的时候毫不留情地拒绝他。很多时候我们就是这样与人反目成仇，为人生设下障碍。

这种粗暴的拒绝方式会伤害他人的尊严，从而导致对方心中产生不快。人活世上，不可能离开社会独自生存，很多时候我们也是需要他人帮助的，因此年轻人要避免因拒绝不当树敌，要掌握拒绝的艺术。懂得了拒绝，你就能使自己少陷于两难的境地之中。懂得了拒绝的艺术，你就能在社会中游刃有余，为经营自己的人生打下坚实的基础。

那么，年轻人在拒绝对方之前，一定要仔细倾听，让对方把事情的来龙去脉表达清楚些，这样你才能衡量自己到底有没有能力去帮对方，该如何去帮他，或者该如何拒绝。仔细倾听对方还能让对方产生被尊重的感觉，在你委婉地说出拒绝的话语前，也能避免伤害与对方的情谊。如果你还没听完他人述说就断然拒绝，急躁地拒绝最容易伤害对方的心，甚至还让对方恼羞成怒。

在仔细听完对方的述说后，确定自己不能帮助对方，就要坚定地说"不"。不能碍于面子违心地答应对方，如果你无法遵守诺言，不但会伤害双方的感情，还会耽误对方寻找别的帮助，最后耽误了事情，也伤害了感情。因此，年轻人若要准备拒绝别人，必须要坚定自己的立场，同时还要委婉表达自己不能帮忙的原因。不要让错误的拒绝方法陷自己于"不义"中。

别把对手当仇人

人人都需要对手，因为那会给你带来勇气。

——卡耐基

卡耐基说：人人都需要对手，因为那会给你带来勇气。善待你的对手，才能显出你的人格魅力和生存的智慧。从表面上看，对手带给你的除了压力之外没有其他，其实一个优秀的对手，能对年轻人的成长起到很大的助益。不要随便把对手视为仇人，夹杂太多负面的情绪，而是要冷静地观察对方，客观地审视自己，在与对手的竞争中学到东西。

我们需要朋友，也需要对手。朋友是情感上的，对手是知识上的。当草原上的野生动物失去了对手，就会变得死气沉沉，同样，一个人如果没有了对手，那他就会变得懒惰，安于现状、甘于平庸。而对手的存在才会让年轻人有危机感，才会更加发愤图强，意识到自己不努力就会被淘汰。那么，年轻人何不尊重你的对手，把他当做鞭策自己的进步的动力，让自己的人生变得更完美呢？

巴里在一条小镇上开了家餐馆，由于这是小镇上唯一的一家餐馆，所以没有人跟他竞争和排挤他，巴里的生意还不错，虽然不能让他成为百万富翁，但巴里也很知足，生活就这样安安稳稳、细水长流地过着。

谁知，没过多久小镇一家服装店因为经营不善只能关门大吉，很快就转租装修，开起了另一家餐馆。由于这家新开的餐馆价格实惠并且环境整洁，很快就在小镇上拥有了大批"粉丝"。由于这家店生意非常红火，巴里开的这店生意就冷清了不少。

这天，巴里站在小镇上，看着新开的这家餐馆里食客满堂，心态极不平衡，他很想找人破坏这家新店的名声，但是他的理智告诉他那是不可以的。

为了保住自己的小店，巴里只好把小店进行重新布局、调整，并招了一位优秀的大厨，更换了菜谱。为了招揽更多的客人，他还开始经营早餐，每天早晨，所有员工都忙碌地在餐厅里来回穿梭……一个月下来，巴里发现一个月的盈利居然是之前的 3 倍。他突然明白了，事实上他应该感激这家新开的店才是，正是因为它的出现，才刺激他改变懒惰的心态，激发了他的斗志，从而让他成了小镇上口碑最好的餐厅老板。

俗话说"对手，对手，互相成就。"其实年轻人要用一种平和的心态，去看待自己的对手，那时你就会发现，社会上的许多的成功例子，都是因为有"劲敌"的存在而成就的。当对手给你的压力越大，你进取的愿望就会越强烈，当对手加快进步的步伐时，你也会加紧前进的速度。最后你会发现，将你捧上冠军宝座的其实是你的对手。

年轻人在生活中可能会缺少金钱、朋友或者别的，但唯独不缺少对手。著名运动员乔波曾说过"一个人最怕的是没有对手。"事实上，这也是年轻人应该谨记的真理。自己有几斤几两，需要别人来衡量，如果没有人能做比较，没有人可以成为自己的参照物，实在是人生一大憾事。在运动赛场上，竞争对手的存在，才会让运动员有可超越的目标，从而尽自己最大的努力去完成比赛。对方也会因此斗志昂扬，破釜沉舟。竞争的过程才是比赛中最精彩的看点。因此，无论是在人生还是事业中，年轻人都应该尊重、善待自己的对手。

在国外，一些知名企业甚至也开始青睐竞争合作关系。善待对手，与对手合作，已成为一种竞争方略。梅瑞公司是美国最大的百货公司，它的购物大厅里设有很多咨询服务亭，它们的服务宗旨是：如果你在梅瑞公司没有买到你满意的商品，服务亭会为你提供另一家有这种商品的商店地址。换言之，就是把顾客送到自己的对手那里去。梅瑞公司的这种做法看起来似乎有些疯狂，然而，它却赢得了顾客的好评，也让竞争对手对自己产生了信任与尊重。

年轻人在生活中要正视对手，尊重对手，提高自己的能力，这才是面对竞争最好的策略。一个与你势均力敌的对手，能成就你的与众不同，才能帮年轻人更好地经营自己的人生。

提出意见要含蓄

在人生的道路上，能谦让三分，即能天宽地阔，消除一切困难，解除一切纠葛。

——卡耐基

世上没有两片完全相同的树叶，也没有两个完全相同的人，不同的色彩构成了这个美妙的世界，也因此年轻人常常会在生活或工作中听到与自己意见不同的声音，那么在提出自己的见解时，年轻人一定要注意方式方法。很多人认为，在提出自己意见的时候，一定要一副态度强硬、理直气壮的样子，令对方无反驳余地。其实这是不明智的做法，他人的意见不一定正确，但你的意见也不一定没有错误，更何况如果不注意自己的态度，即使你的意见是正确的，也不见得别人能听你的。

卡耐基曾经说过："只有当你肯定对方的时候，才能发现他优秀的一面，就算一定要责备他，他也不会对你产生怨恨。"温和的态度能营造出融洽的气氛，让对方知道你不是存心要诋毁他，以便让他能够放松自己。无论谁"被指着鼻子骂"时，都会产生逆反心理，在这种心情下对方自然是不会听取你的任何建议的。

很久以前，埃及国王接连打败了其他几个王国，但他连年用兵，国库已经空荡荡了。于是国王便在当地的富翁身上打起了注意。但他知道富翁决不会轻易出钱，得让他钻进圈套才行。国王思索了好久，总算想出了一个妙计。

他把富翁请进宫，摆上山珍海味盛情款待。酒过三巡，国王向富翁请教："先生，听说您学识渊博过人，我有一个问题想借此机会向您请教。"

国王说："听说您对宗教很有研究，所以我想请教一下，到底犹太教、伊斯兰教、天主教中，哪一种才算是正宗呢？"

聪明的富翁一听此话，就知道国王在耍弄阴谋诡计，无论自己的答案是什么，都会被戴上贬低另一方的帽子。他觉得这问题不能直接回答，于是想了一会说："请陛下允许我讲完这个故事，因为答案就在故事里。"

国王点点头说："请讲。"

富翁讲的故事是这样的：

从前有个有钱人，他有一件稀世珍宝——一枚价值连城的戒指。有钱人特别喜欢这个戒指。临终前，他在遗嘱上写道：得到这戒指的人便是他的继承人，其余的子女都要尊他为一家之长。遗嘱要后代永久保存，不能让戒指落到外人的手里。

后来，这戒指传到某个后代手里，他有三个儿子。可在临终前他拿不定主意，到底该把戒指传给那个儿子。他想不出好办法，于是私下里请来一个手工匠人，仿造了两枚戒指，又私下里分别传给了三个儿子。后来，这三个儿子都拿出戒指作为凭证，要求以家长的名义继承产业，可是谁也分辨不出哪只是真品，谁也没办法说服谁。

富翁讲完故事后对国王说："尊敬的陛下，上天赐给我们不同的信仰，就像那三枚戒指，大家都认为自己的信仰是正宗，实在没有办法做出正确判断。您说对吗？"

国王听到这里，明白了富翁这是在含蓄地表达自己的想法，面对机灵的富翁，国王不得不感到佩服。

在这个故事里，如果富翁直接拒绝回答国王的问题肯定是不明智的，无论他的答案是什么，都有可能被国王抓到把柄，从而失去自己的钱财。所以他用一个故事含蓄地表达了自己的想法，同时在国王面前还展示了自己的聪明智慧。

我们每个人都有自尊心，都要"面子"，所以，年轻人在提出自己的意见时，一定要讲究含蓄，不能大发雷霆。有时候别人所犯的错误可能对你产生了直接的伤害，因此年轻人会感到愤怒。但是，生气和提出意见不是一回事，生气并不能解决问题，而且你的怒火还会伤害对方的自尊心，增加对方的抵抗心理，反而不利于问题的解决。

对那些固执地不接受他人意见的人，如果能间接地让他们知道自己的错误，就会收到非常神奇的效果。俗话说"忠言不必逆耳，良药不必苦口"，人们津津乐道的逆耳忠言、苦口良药，其实都是笨人的办法。当你直接否定某人的意见时，其实也是在否定他的为人，这时候若强硬地提出自己的意见，就好比是"硬碰硬"，对你来说没有任何好处。

所以，年轻人要想打开自己的人脉，就要学会像螺丝钉一样含蓄、委婉地表达自己的意见和建议。这样，你的人际关系才可能和谐。

争吵让人脉毁于一旦

永远都不要和别人发生正面冲突。

——卡耐基

卡耐基曾经教导年轻人"永远都不要和别人发生正面冲突"。这句话也给他留下了难以磨灭印象。卡耐基先生曾经参加过无数次辩论赛，最后他总结出一个经验：天底下只有一种能赢得争论的方法——那就是避免争论，就像避免有毒的物体一样避免争论。

年轻人在人际交往中，当自己的思维想法与他人发生碰撞时，免不了一番激烈的唇枪舌战，而有时候语言的威力的确比真枪实弹的威力还要大。然而，针尖对麦芒的反击虽然精彩，却无法赢得对方内心的好感。对年轻人的人际关系来说，它不会给你带来任何好处。因此，年轻人要尽量避免与他人发生争执。

的确，在激烈的辩论中获胜，能带给年轻人极大的成就感，但年轻人若以反驳他人为乐趣，或许能让你赢得一时的胜利，但这种胜利却是毫无意义的，因为你永远得不到对方的好感。所以，年轻人在与别人发生争吵时，要权衡一下利弊：你是选择要一个毫无实质意义的胜利，还是希望交到一个朋友、收获一份友谊呢？

生活中，年轻人通常会与对方辩论来证明自己的意见是正确的，但其实这只会使双方更加坚信自己是绝对正确的。即使你赢得了胜利，你还是失败的。因为你用语言把他驳得体无完肤，证明他是一个一无是处的人，他会觉得自己受到了羞辱，而你正是伤害他自尊心的"罪魁祸首"。

所以，当轻人试图用语言驳倒对方时，应该想起这句话："当两个合作者的意见总是存在分歧时，其中一人就不再需要了。"如果你没有考虑到的问题，当别人向你提出来了，你就应该向他表示感谢。

当有人提出与你不同的意见时，首先要做到保持平常心，当你认真听完了反对者的意见之后，再考虑哪些方面的意见是你可以听取的，这样接受对方正确的意见，改正自己的错误，你才能获得成长。

其次，对他人意见要仔细倾听，让别人把自己的意见说完，切不可立即拒绝或与人争论。因为在缺乏沟通的基础下，粗暴的拒绝只会出现误解，增加彼此沟通的障碍。一旦拥有共同语言，双方就容易沟通了。

林肯曾经教育一位与同事发生争吵的青年军官："任何能成就一番事业的人，绝不会把时间浪费在与人争吵上。在一些小事上，要多让对方一些，即使在你是对的情况下，也要让一下。与其和狗抢路，被它咬伤，还不如让它一下，否则就算是你把狗杀了，也无法改变已经被咬的事实。"所以，年轻人经营好自己人脉关系的秘诀之一是：避免和别人争吵。

尊重他人的看法

现实生活中有些人之所以会出现交际的障碍，就是因为他们不懂得一个重要的原则：让他人感到自己重要。

——卡耐基

卡耐基曾经这样说过"生活中有些人之所以会出现交际的障碍，就是因为他们不懂得让他人感到自己重要"。在生活中，当对方的意见与自己不符时，年轻人就会变得冲动，进而指责对方。指责别人的方式有很多种，你可以用眼神、声音或是手势告诉别人"你错了"或者"我不认为你是对的"。这些无声的指责所传达的意思和语言一样有力——但是，年轻人有没有考虑过，当你指出对方的错误时，对方会因此而同意你的看法吗？答案肯定是"不"。因为每个人都渴望自己得到别人的认可，都希望自己的行为不是"无用功"，而是有价值可言的、有意义的事情。

杜威教授曾说"自重感是人类本性中最强烈的冲动和欲望"。当你学会尊重他人不同的意见或行为时，对方就能得到一份愉快的心情。当你让别人感到了自己的重要性时，不仅表达了你对他的尊重，还可以唤起他心中的自豪感，成为他前进的动力。事实上，我们每个人都有自己的优点，都有值得夸奖的地方，而这些都需要得到他人的认可和肯定，你才能坚定自己的看法。因此，年轻人在生活中要学会尊重他人的看法，这样才能经营好自己的人际关系，成为一个受欢迎的年轻人。

一天，一个作家打算给朋友寄一封信，于是他来到一家邮局。在排队等候的时候，作家发现一个职员一副无精打采的样子，满脸烦躁地为窗口前的人服务。

原来，这位工作人员脾气有点急躁，对工作也比较挑别，他经常会因为顾客的邮票贴得有点歪，或者地址写得太潦草而发怒。所以整天都是一副不耐烦的架势，让人觉得不舒服。作家心里想，邮局里的这些工作人员，每天做着这种单调重复的工作，难免会产生厌烦心理，感觉工作乏味，所以才出现这样的情绪。

于是作家暗暗思量：一定不能因为职员的恶劣态度影响顾客的心情，更重要的是，影响自己的心情。他开始思考如何让这位工作人员改变咄咄逼人的态度。

略加思索，作家想出了一个办法。他一边排队，一边仔细地留意这个职员的表情，观察他的外貌，终于轮到他了。这位烦躁的年轻职员低着头为作家信件称重的时候，作家热情地说："我真希望有您这样一份工作。"年轻人听了抬起头，脸上马上露出了笑容，回答道："是吗？你觉得我的工作很不错？""当然，每天要面对这么多顾客，为他们传递信件，光想想就很辛苦。"作家赞叹道。这时，这位烦躁的年轻人已经显得非常高兴。作家就趁机跟年轻人聊了聊他的工作，并夸他工作的认真和意义性。年轻人也变得高兴起来，跟刚才的样子相比，简直判若两人。

就这样，仅仅用了几分钟，作家就得到了他想要的好心情，而年轻的职员也改变了当初的态度，愉快地继续为他人服务。

作家对年轻人的工作给予了尊重和谅解，最后他也得到了自己想要的好心情。那么，年轻人在人际交往中，要巧妙地借用作家的思维，学会尊重他人的看法和意见，让对方感觉到你的尊重，这样才能收获一份良好的人际关系。

年轻人在为人处世中，要遵循一个至高无上的原则：永远不要忘记让他人感受到自己的重要性。人都有自私的弱点，经常觉得自己比别人重要，觉得自己比别人优秀。可年轻人如果用这种态度与人交往，就会给人一种高高在上的感觉，无形中就会受到他人的抵触，因为要想别人觉得你重要，首先你要让他人觉得自己才是重要的。

有一句名言是"你永远不会因为尊重对方而引来麻烦"。是的，当你学会尊重对方的意见或看法时，就能避免引起争论，从而引导对方也同你一样拥有宽大的胸怀。所以，年轻人别轻易对他人说"你错了"，而是要学会对别人的意见表示尊重，这样才能使他人由衷地信服你。

大胆承认错误让你更有魅力

如果你能勇敢承认自己错了，那么你一定能从这个错误中获益。

——卡耐基

"人非圣贤，孰能无过"，世界上没有绝对的正确和错误，所以人人都有犯错的时候。所以年轻人在发现自己的错误后，要勇于承认错误，对自己的错误敢负责任，并且从错误中吸取教训。成长就是在不断"犯错"中进行的，错误并不代表失败，而是帮助你成长的机会。

在人际交往中，能大胆承认自己的错误，则意味着你正在逐渐走向成熟，才能得到更多人的重视。

犯错并不可怕，聪明的人犯错之后会"闻过则改，有错必纠"；胸襟坦荡的人，会勇于为自己的错误负起责任。对于他们来说，最可怕的事情是不愿意承认自己的错误。"错误"就像病毒，没有人生下来就能抵抗病毒的侵袭。而一次次犯错，就像预防针，能够有效地抵抗"病毒"的进攻，在以后的人生中不再被同一种"病毒"所侵袭。

卢梭出生在一个贫穷的家庭，为了生计，他曾经为一个伯爵当佣人。伯爵家有很多佣人，其中一个女佣有一本精致的图书，卢梭一直想拿来欣赏一番。一天，机会终于来了。卢梭趁没人的时候，从侍女床头拿走了图书，坐在院子里欣赏。

正在这时候，有个仆人从他身后走过，发现了卢梭手中的图书，他知道这是那个侍女的，于是立刻报告了伯爵。伯爵有些不悦，就把卢梭叫到身边，厉声追问起来。卢梭紧张极了，心想，如果承认是自己拿的，一定会被辞退，那样就有可能连饭都吃不饱了。

他想了一会儿，最后决定撒谎，说书是厨娘偷给他的。伯爵半信半疑，就让厨娘过来对质。善良、老实的厨娘听完伯爵的话，一边哭一边说："不是我，绝对不是我！"可卢梭却一口咬定就是厨娘，并把事情的所谓的"经过"绘声绘色地描述了一番。

这下子伯爵更恼火了，索性将卢梭和厨娘同时辞退了。当两人离开时，伯爵意味深长地说："你们之中必有一个是清白的，而说谎的人则会受到良心的惩罚！"

果然，这件事让卢梭痛苦了一生。多年后，他在自传《忏悔录》里坦白说："这份沉重的负担一直压在我的心上……"

年轻人刚踏入社会，无论是为人处世还是生活技巧都有很多需要学习的地方，那么犯错也在所难免。"金无足赤，人无完人。"重要的是意识到自己的错误之后能勇敢地承认和改正。如果知道自己做错了，却仍然竭力掩饰，试图推脱责任，这样虽然能暂时给自己留一分面子，但在你的交际圈子里却会留下不好的名声。

麦当娜是全球最成功的歌手之一，她用全新的方式演绎了摇滚音乐，当有记者采访这位天后级人物"成功的秘诀是什么时"，她的回答是："我犯了很多错误，因此从错误中我学会了很多。"一句话总结了自己的成功，同样也是一种让人称赞的回答。麦当娜是全美国一半人恨又一半人爱的女星，但她最终还是得到人们的敬重。

年轻人在摸索中得到进步，就好比在黑暗中行走，难免会偶尔踩到"坑"里去。倘若对自己的错误能懂得及时发现、承认，那么，你的人生就拥有了一半的成功。年轻人可以不够聪明，但一定要成熟，成熟的人是不会让自己一直在错误中曲折迂回。勇于承认错误，需要一定的勇气；敢于承担责任，则需要一定的胸怀。一个"知错必改"的年轻人才能让别人对你产生敬意，在人际交往中也会拥有更好的人缘。

让别人也有发言的机会

如果希望成为一个善于谈话的人，那就先做一个愿意倾听的人。

——卡耐基

美国艺术家安迪·沃霍尔曾经说："自从我学会闭上嘴巴后，我的威望和影响力反而增加了。"回想一下，你是否会因为急于表达自己的意见而打断别人的谈话，甚至强行结束与他人的交流，当然也许你不是故意的。如果你意识到这是很不礼貌的，还习以为常的话，一定要尽快改掉这个坏习惯。

洛希夫克是法国的哲学家，他也曾经这样说过：如果你想得到仇人，你就胜过你的朋友，如果你想获得友谊，就让你的朋友胜过你。虽然这句话有些绝对，但是对年轻人来说，要经营好自己的人脉，就要遵循洛希夫克的原则：在与人交谈时，尽量让别人展现自己的风采。所以，年轻人如果要建立起良好的人际关系，就要懂得为对方留一些说话的机会。

美国一家服装公司要召开订购会，决定下一年度所需要的布料数量。几家实力雄厚的公司已经做好了精美的样品，并已经提前送到服装公司，通过了质检人员的检验。服装公司通知这几家公司，一个一礼拜后一起参与竞争，确定最终的申请方。

这是一笔巨额订单，因此几家公司都很重视，各自派出了实力雄厚的谈判代表。可是其中一家公司的谈判代表艾德先生在路上得了感冒，严重的鼻塞和咽喉炎让他无法流畅地发表意见。因此，在召开订购会的时候，艾德拿笔在纸上写道：各位，我患了感冒，不能说话。

于是，在其他几位代表进行激烈的唇枪舌战时，艾德只是默默地拿出了自己的样品，列出了自己的优势，小声地与服装公司的经理交谈几句，除此之外他只是微笑、点头以及做几个简单的手势。

然而，出乎意料的是，会议的结果是艾德签下了最终的订单。因为其他公司的谈判代表一味地宣传自己的优势，反而让服装公司的经理感到头疼，而艾德的沉默却让经理对他的方案产生了兴趣。艾德高兴极了，他一直认为这份合同轮不到自己签，结果却误打误撞，给他人创造了说话的机会却自己获得了利益。

如果不是因为艾德感冒，无法用语言替自己辩护，那么他也会像其他谈判高手一样喋喋不休地宣传自己的产品，也许他未必能得到与服装公司合作的机会。所以，年轻人在与人交往时，如果想要对方采取你的意见，就要学会给他人制造说话的机会，自己则尽量少说。

当然，给对方制造说话的机会，并不是让你一句话也不说，过分的沉默有时也会错失良机。让对方多说的目的是让对方大胆地表达自己的意见，从而了解他的内心想法，因此，年轻人要掌握与人沟通的技巧，在交谈时诱导对方多说，但不要使对方因为你的沉默而感到尴尬而无法继续谈话。

人际关系是互动的，当年轻人与人交谈时，不要以自己为中心而忽略其他人的存在。没人会认为滔滔不绝的"话匣子"很招人喜欢，尤其是与比较重要的人初次会面时，更要注意适时"闭嘴"。否则就会产生一方口若悬河、另一方尴尬无语的局面。在与不熟悉的人交往时，可以通过简短的对话，迅速找到与对方的共同话题，这样就能打通人脉的"经络"，加深与对方的了解。

对于年轻人来说，沟通技巧的好坏将影响到你的事业和前途，你要学会引导对方说更多的话，这样交谈的气氛才会融洽。如果在交谈过程中，一味地自顾自说，就会让对方失去交谈的兴趣。所以，想要改变自身的状况，就要学会"少说话，说对话"，这才是好口才。

把好主意"让"给别人出

尽可能地向别人请教，并尊重他们的建议，让对方觉得那主意完全是他们自己决定的。

——卡耐基

年轻人都喜欢和崇尚自由，没有人喜欢自己被迫去买什么东西或被人命令去做某件事。无论做事还为人，年轻人都愿意遵循自己的意念而行动。

如果一个好主意是你自己经过思考得出的结果，你是不是更有激情去实现它？相反，如果别人强加个你一个他的主意，让你去实行，你还会尽自己最大的努力去做吗？每个人对于自己发现的思想都有坚定的信仰，那么，即使你认为自己的主意比别人好，也不能把你的想法强塞进别人的大脑。那么，在经营自己的人脉时，最好的办法是提出建议，再让别人自己去得出结论，比直接告诉对方"正确的答案"更有效果。

艾玛在一家专门为室内设计推销图样的公司上班，他曾连续两年每周一次去拜访好莱坞一位最著名的室内设计专家。"他从未拒绝见我。"艾玛很苦恼，他继续跟他的朋友吐槽，"但也从来没有对我的图样产生过兴趣。他总是仔细地看我的图样，然后拒绝我。"

经历了无数次失败后，艾玛终于明白，自己不能再这样墨守成规了，否则可能永远也无法让那位设计师购买自己的图样。不久后，他想出了一个新点子。他拿了几张还没完成的图样，来到那位设计师的办公室。"我想请你帮我一个忙。"艾玛说，"这里有一些还没有完成的图样，我想您也许能告诉我们，应该怎样做才能更符合您的心意？"

这位设计师默默地看了一会儿图样，然后说："你先将图样放在我这里，过几天再来找我。"一礼拜之后，艾玛又去找他，听取了他的建议，然后取回了图样，并按照设计师的意见把它们完成。结果这次艾玛终于让设计师买了自己的图样。

从那时以后，艾玛又用这个办法卖出去了几十张图样，全都是按照设计师的想法去完成的。"我现在明白，为什么我这么久以来都无法让这位设计师买我的图样，"艾玛说，"以前我一味劝他购买，我以为我的主意会让他动心。而事实恰恰相反，我让他说出自己的想法，他才会认为是他自己想出了好点子，这样即使不向他推销，他也会主动来买。"

年轻人在与人相处时，如果想要让对方听取你的意见，只需适当提示，让对方主动地思考下去，他就会得出跟你一致的想法。无论在生活还是工作中，年轻人都要学会融洽地与人交流，而强硬地塞给别人，或固执地坚持自己的方法，就会让对方无法理解，甚至认为你的行为是有别的企图，从而产生抵抗心理。

巴特是一个牧场主，他养了许多羊，但他的邻居却是个猎人，院子里养了一群凶猛的猎狗。这些猎狗经常跳过栅栏，袭击巴特的羊群。巴特跟猎人交谈了几次，让他看管好猎狗，但猎人不以为然，口头上答应，可没过几天，他家的猎狗又跳进牧场横冲直闯，咬伤了好几只小羊。

忍无可忍的巴特找镇上的智者寻找答案。听了他的故事，智者说："我有办法处罚那个猎人，但这样一来你就失去了邻居，多了一个敌人。我想，你可能更愿意和朋友作邻居吧？"

"当然啦。"巴特说。

"那好，我给你出个主意，你按我说的去做就行了。"巴特听完智者的主意，高兴地回到家，挑选了几只小羊羔，送给猎人的儿子。看到洁白温顺的小羊，孩子们如获至宝，每天都要在院子里和小羊羔玩耍。猎人见儿子跟小羊玩得很开心，可又怕猎狗伤害儿子，便做了个大铁笼，把猎狗锁了起来。从此，巴特的羊群再也没有受到骚扰。

巴特牺牲了几只小羊羔，却换来羊群的安宁和一个友好的邻居，就是因为他让猎人自己做出了选择。其实影响一个人的最好办法，就是在不经意间将你的意见灌输到他的思想中，从而变成对方自己的意见。所以，年轻人经营好自己的人脉的秘诀之一就是：虚心地向对方请教，让对方感觉是在帮你出主意，这才是最高明的沟通方法。

口下留情，别让自己尴尬

信口开河的人，不仅会让对方难堪，还会使自己失去信任。

——卡耐基

我们都知道，杯子里的热水倒得太满，就容易烫到自己。同样，年轻人在生活中，如果把话说得太满也会伤害到自己。俗话说"人情留一线，日后好见面。"说话时要口下留情，为自己留点余地，既能避免让自己尴尬，在以后的交往中也能更好地从容面对。下过厨的年轻人都知道，做菜时不能一下放太多盐，否则就会坏了菜的口感，而是要先少放盐，这样即使味淡也没关系，还可以再继续加盐，年轻人为人处世也是这个道理。

海杰电子公司产品部的经理召集员工，召开新产品市场预测会。俗话说"初生牛犊不怕虎"，这天开会的时候，公司新来的员工林雨大胆表达了自己的想法，由于他的想法确实比较有创意，因而得到了全公司上下的一致好评。

林雨在阐述自己想法的同时，还强调如果按照他的思路做一定能盈利。产品部经理当即表示要林雨写一份详细的计划书出来，公司一定会认真考虑。此话一出，林雨欣喜若狂。作为新人能得到领导如此重视，他觉得自己非常幸运。

但是问题也随之而来，新产品由于设计不周全，在制作的过程中出现了问题，这令公司领导非常生气。事后，当公司调查责任的时候，林雨便成了罪魁祸首。而本该为这个项目负责的各个部门的经理都相安无事。无奈之下，林雨只好递交了辞职信。

公司的产品出了问题，首先负责的肯定是公司的领导，但林雨却成了无辜的替罪羊。原因就在于，林雨把话说得太满，没考虑到事情本身可能存在的风险。所以，年轻人在提出自己的意见时，一定要注意不能信誓旦旦地拍胸脯保证"一定没有问题"。要知道任何事情都存在不确定因素，智者千虑还必有一失呢，一旦你"保证"的结果没有出现，无论是什么原因，都会把自己置于一个尴尬的处境。

年轻人要知道，事情在还没有付诸行动之前，任何人都无法预测结果的。若有一个圆满的结局当然是皆大欢喜，但万一发什么了意外，就会给对方留下不好的印象。俗话说"君子一言，驷马难追"，不考虑实际情况，信口开河就会给年轻人的人际关系造成损失。

当然，有时候出于工作或其他原因，年轻人需要许下诺言，对某件事情保证百分百的顺利，并对自己所说的话承担责任，但除非必须如此，否则还是谨慎为好。特别是在朋友之间，承诺的事情若兑现不了，就会导致自己发生"信任危机"。因此，在答应朋友之前，年轻人首先要考虑自己实现诺言的能力，如果心有余而力不足，那最好还是别轻易下决定。

不仅在工作中不能把话说得太满，在经营自己的人脉时，年轻人也要注意，在夸奖或恭维别人时，也要把握好尺度。赞美别人固然好，可"太满"的赞扬有时反而会起到相反的作用，当被夸奖的人发现你是在过分夸大事实时，他会产生一种被愚弄和讽刺的感受。所以，年轻人要经营好自己的人生，就要懂得沟通的技巧，别把话说得太满，最后陷自己于困境。

给对方留一点面子

要学会给人面子，为对方留一份从容。

——卡耐基

在卡内基的沟通原则中，其中有一条：要学会给人面子，为对方留一份从容。批评别人是应该的，可是必须注意方式和方法，要使别人尊重你，不是提高嗓门就能够办到的。年轻人心直口快，有时会不顾及地点场合对别人提出意见，或询问一些使人难堪的问题。人常说"人要脸，树要皮"，人人都想要保存自己的"面子"。而年轻人想要让自己有面子，最好的办法是先给别人一点面子。

著名诗人柳亚子很受大众的欣赏，但他的字迹却很潦草，甚至一般人都看不懂。书画家辛壶想给柳亚子先生提个意见，但他却是委婉地赞美柳亚子先生的字是"意到笔不到"，这含蓄幽默的点评使柳亚子先生极为佩服。年轻人在人际交往中要尽量使用委婉含蓄的语言，既让对方保存了自己的尊严，给对方一个下台的阶梯，又避免让交谈的气氛变得僵硬。

弗兰克在一家经纪公司已经工作了三年，算是公司的元老了，他做出了很多漂亮的策划，也深受公司重用。由于他熟谙公司的运作规律，再加上积累了很多工作经验，对工作简直是驾轻就熟。与他共同负责策划任务的盖理则正好相反，他原先在一家百货公司做文案，刚跳槽过来做不久，论经验、谈资历，他都比弗兰克逊色许多。

不久，公司要在一家公园举办一场鲜花展，于是策划的重任便落到了弗兰克和盖理的身上。上司为充分调动大家的积极性，做到集思广益，要求每位策划专员都要拿出一份详细的报告，并宣布谁的方案入选，将会有奖金。结果，弗兰克不出意外地拿到了奖金。

拿到奖金，弗兰克也没有忘记跟大家一起分享这份喜悦，邀请大家去酒吧放松一下。谁知三杯酒下肚，弗兰克就得意洋洋起来，开始大言不惭地说："自从上司派下任务的那一刻起，我就认为胜利非我莫属！因为我在这待了几年，太了解我们的头儿了。什么方案最合领导的心意，什么方案不招上司待见，我能猜得八九不离十。老实说，盖里那方案的确是好，但太不切合实际了，所以他最终只有出局……"

弗兰克这番豪言壮语让盖里心里有些不舒服，本来他刚跳槽到这家公司不久，一直没拿出让人眼前一亮的业绩，正在焦急呢又被弗兰克嘲笑一番，让自己在同事面前颜面失尽。于是对弗兰克怒目而视："你最好闭嘴，否则我会教训你！"一旁的同事见状及时劝阻才避免他们发生争执，但从此以后盖里就和弗兰克成了"宿敌"。

弗兰克让盖里在同事面前面子"挂不住"，恼羞成怒的盖里差点做出伤害对方的事情来，想必这也让弗兰克懂得一个道理：说话要注意场合，给别人留点面子，才能处理好自己的人际关系。聪明人会藏起自己的得意，在心里为自己喝彩而不是整天挂在嘴上，更不会把自己一时的成功当做炫耀的资本。年轻人很容易犯的错误是自以为有见解、有能力，一有机会就长篇大论述说自己的成功，而且还不忘贬低别人的成就。这样自己是过瘾了，自信心得到满足了，但实际上你也为自己的人生埋下了一颗定时炸弹，总有一天会尝到苦头。

生活中，也许你的能力确实比别人突出，但切记不能把得意挂在嘴上，逢人便吹嘘自己如何有能力证明自己的出色，而不顾及别人的心情。年轻人要懂得，夸夸其谈并不会得到别人的敬佩与欣赏。事实上，没有人愿意不厌其烦地听你讲述自己的成功史，这种自我炫耀往往会让你失去良好的人际关系。

在人前炫耀自己的成就固然不好，但年轻人也要注意避免"心直口快"，在无意中伤害了别人。心直口快也要注意场合，与自己的亲密的朋友相处时，可以少一分顾忌，但在经营自己的人际关系时，则要适当收敛这个习惯。"心直"表示你心胸坦荡，为人率真，但"口快"却未必值得称赞。如果年轻人能掌握好分寸，在该直言的时候明说，该婉言的时候含蓄，照顾他人的情绪和脸面，说话"兜个圈子"有时能让你更好地经营自己的人生。

把话题交给对方

如果你要使别人喜欢你，如果你想他人对你产生兴趣，你需要注意的一点是：谈论别人感兴趣的事情。

——卡耐基

卡耐基告诉年轻人"如果想要建立良好的人际关系，并成为受人欢迎的人，就要用热情对待他人。走进对方内心的妙方，就是谈论对方感兴趣的事情"。在人际交往中，如果年轻人一心想让别人注意自己而做一些哗众取宠的事情，往往会起到相反的效果，正确的方法是主动关注别人，找到对方愿意谈论的事情。

美国前总统罗斯福就是一个很会处理人际关系的人，他在会见宾客的头天晚上，通常会了解一些造访者感兴趣的话题。和所有领导者一样，罗斯福知道与对方迅速建立起感情的捷径就是谈论他最想表达的话题。年轻人刚踏入职场有许多要学习的地方，掌握一些小技巧通常能让你事半功倍，谈话也不例外，如果你过多地谈论自己喜欢的话题，难免会让对方产生索然无味的感觉，最后变成了你独自一人的

"表演"。有句俗语说：自己的牙痛，要比别人的性命来得重要。然而在实际生活中，年轻人总是无法避免地犯同一个错误：眉飞色舞地谈自己得意的事情，根本不管对方是不是真的被你吸引。

本一直想把自己的苹果派推销给当地的一家大饭店。连续两年来，本几乎每个星期都要去拜访这家饭店的大堂主管，并且一场不落地参加这位主管举办的各种聚会。为了促成这笔生意，本甚至经常光顾这家饭店，希望能做成这笔业务。但是，尽管本用尽了各种方法，还是没能让这位主管答应让他的苹果派出现在餐厅的菜单上。

某天，本在跟朋友聊天的时候说到这件事，朋友给个出了一主意：下次去找这位主管的时候，可以事先了解一下他喜欢什么、有哪些爱好。真是一语惊醒梦中人，经过一番研究，本发现那位主管是美国饭店业协会的会员。不仅如此，由于这位主管对饭店这个行业抱有浓厚的兴趣和热情，使他被推举为饭店协会的主席。每次这个协会举行活动，他都会抽出时间赶去参加。

于是，当本再次去拜访饭店主管的时候，改变了策略，不再谈论自己的派有多么好吃，而是谈论一些与饭店业协会有关的事情。这个办法终于让本看到了希望，他觉得自己的苹果派也许能出现在饭店的菜单上了，因为这次主管没有不耐烦，反而花了半小时和本谈论饭店业协会的事情，整个谈话过程中，他都充满了热情。没过几天，本就接到这家饭店管理人员的电话，让他把苹果派的样品和报价送过去。

所以，想要获得别人的好感，让他人对你产生兴趣，就要记住"谈论别人得意的话题"。

找到别人感兴趣的话题，才能把话说到他的心坎上。这是高明的交谈技巧，因此年轻人在交谈时要"投其所好"、"避人所忌"。古人有"话不投机半句多"、"言逢知己千句少"的名言。要想经营好自己的人际关系，就要说对话，让你的语言和形象在对方的心里留下深刻的印象。

要想谈论对方在意的事情，年轻人在与别人谈话时要注意，不要以自我为中心，不要把"我"当成重点；把"我想"改成"你认为呢"。当然，把话题的选择权交给对方，并不是让年轻人一言不发，木讷地听对方滔滔不绝，而是要尽量简洁、清晰地把自己经历的故事叙述一遍，不能把对方当成宣泄的对象。开口诅咒、闭口发誓、随意打断别人的发言是粗俗的表现。

另外，年轻人在与人交往中还应该注意别夸大其词，说一些刻薄话、挖苦或讽刺的话，即使是在谈论别人，也会让对方产生误会或留下不好的印象。人都有一个共同的特点：在自己所喜欢的人身上寻找优点，在不喜欢的人身上寻找缺点。所以，一旦你给对方留下了不好印象，让对方失去了好感，那么想要弥补就会非常困难，因为对方怎么看你都不顺眼。所以，年轻人与人沟通的诀窍是，把话题交给对方，让对方选择要谈论的事情，而不是只顾自己畅所欲言。

第四课

享受，生活中处处是美好

我们常说，如果你心中有天堂，那么你看到的都是天堂；如果你心中没有天堂，就算你置身天堂其境，也是视而不见。因此，享受生活，需要的是一种美好的心境，而美好的心境源自对人生的积极态度。平静地坐看时光流逝，平静地细数人世坎坷，这些都是享受生活的意境。享受你的生活，并不意味着及时行乐，游戏人生。相反，它要求极其认真的生活态度。也就是说，你需要认真对待生活中的每一个时刻，每一个细节，用一颗平淡无华的心情去咀嚼它、消化它，最终领悟生活中的风雨阳光。

别把工作状态带回家

尽量在舒适的情况下工作。记住，身体的紧张会制造肩痛和精神疲劳。

——卡耐基

赛·约翰生曾劝告那些在职场打拼的年轻人：别把工作带回家，在家中享受幸福，是一切抱负的最终目的。年轻人正是为事业奋斗的时候，但只有会休息的人才会工作，饱满的精神状态才能让工作更有效率，因此，年轻人需要把工作和生活划清界限，留一点空间给私人生活。很多成功人士常说的一句话是"我不在办公室就是正在赶去办公室的路上，不在飞机上就是正在去赶飞机的路上……"这种工作就是生活的状态导致心理压力过大，身体健康出现问题。

一项关于"中国企业家生存状态"的调查结果显示，作为一名成功的企业家，平均每天的工作时间将近 11 个小时，并且每周要工作六天，而睡眠时间因此严重减少。或许这是一个浮躁的时代，只有加倍努力才能比别人更加出色，就像一直上满发条的陀螺，身不由己。

子越是一家知名企业的经理，他最近总是感觉心里很烦，对一些小事也开始吹毛求疵，回家以后经常为了一点点小事就大发脾气，比如炒菜时盐放多了、衣服没及时清洗……他都会勃然大怒。开始的时候，子越的家人还打趣地说他是"更年期"提前了，可是由于脾气变得暴躁，家人都尽量躲着他。

原来，子越最近工作不顺利，遇到了些麻烦。他在和客户交谈时由于前期工作没做到位，被竞争对手占了上风，因而频频受到上司批评，心情也变得阴郁起来。可是他没办法放松自己，每天回到家里仍然在想公司的事情，可是越这样每天紧绷着神经，他就越烦恼。

像子越一样，每天为工作所烦恼的年轻人不计其数，也因此而让自己的生活变得一片阴霾。其实，工作难免会遇到挫折，有时免不了把工作的情绪带回家，可家庭是个避风港，是让人放松的地方，如果把工作中的情绪带回去，影响了家的温馨就得不偿失了。

浪漫的法国人是最懂得生活的人，他们在休息时间里，绝对不会与人讨论工作，他们在旅游指南中甚至有这样的提醒：如果你八月份来法国，恐怕无法领略这个国家的魅力，因为无论是商店还是旅游景区都纷纷关门，集体去外地度假了。

即使年轻人无法做到像法国人那样悠闲，也应该为自己定一个放松的时间。比如，每天回家后关掉电脑和手机，不让自己受任何打扰，享受一份难得的安静；在必要的时候还可以玩"失踪"，给自己一个独处的时段，或者只是安静地在家做自己喜欢的事情。

把未做完的工作或因工作而烦恼的心情带回家，就像是恶性循环，不但无法解决工作中的问题，还会让自己倍感疲惫。这样的结果，往往是让年轻人更心力交瘁、精神萎靡，降低了工作效率和生活质量，甚至还会疏远与家人之间的感情。因此，年轻人要学会把工作和生活分开，加班并不是好习惯，在工作的时候认真工作，在休息的时候享受生活，这样的生活方式会让年轻人享受到生活的美好，才能保持充沛的精力。

年轻人的生活应该是丰富多彩的，除了工作之外，还有其他很多美好、重要的事情。别再为无休止的工作而烦恼，学会安排自己的工作任务，每天工作之前事先确定工作的优先顺序，有条不紊地按计划工作，用"有限的时间做无限的事情"，才是经营人生最好的办法。

保留一样兴趣，给生活加点调料

在你的本职工作以外，再寻找一种为你所爱好的副业，作为你心理上、精神上的补救。

——卡耐基

年轻人精力旺盛，每天除了忙工作外，还要忙着找地方吃喝玩乐，尽情地享受青春的美好。的确，年轻人多一些兴趣爱好能为自己的生活增添内容，丰富人生的体验，但是不是所有的兴趣爱好都能起到正面效果的，好的兴趣可以陶冶人的性情，提高你的文化修养，有助于精神和心理健康。但是，有一些不良嗜好会伤害当你的身体，甚至消磨你的意志和对生活的热情。

那么，年轻人除了为前程奋斗之外，也要保留一些有益的兴趣，做一些自己喜欢的事情并坚持下去，这样对生活、对学习、对所从事的工作都有帮助，会让你觉得生活丰富多彩，让心情愉快。卡耐基曾说："兴趣带来激情，激情为生活带来快乐。"当你对某个领域发生浓厚的兴趣时，无论你在做什么都对它念念不忘，除了丰富日常生活的情调，甚至还能在这个领域里有所作为。

一个富翁急需一个技艺高超的金匠，一番打听，他得知乡下有个不太起眼儿的金匠铺子，那里有一个身怀绝技的金匠，如果能把那个老金匠招来，老板的金铺就不用费心了。

于是富翁找到那个老金匠，问："听说你手艺了得，是否愿意去我的店里干活呢？我能给你双倍的工资。"

老头低下头，看了看门前一望无际的麦田问："城里能看到麦田吗？"富翁觉得这个老头挺可笑，就告诉他说："城里有红男绿女，有高楼大厦，但是没有麦田。"

"没麦田我可不去。"富翁挺纳闷，去城里干活跟麦田有什么关系呢？他想来想去，他想不明白，就问那个老头，结果老头告诉他说："我虽然有手艺，可毕竟是农民啊。农忙时下地忙庄稼，农闲时做几件首饰，这日子才过着踏实。再说，城里能看到乡下这么好的风景吗？"

富翁觉得这个老头挺可笑，但为了能让自己的金铺生意好去来，他信誓旦旦地向老金匠许愿说："如果你觉得薪金少，那我可以再给你加！"老头仍然不为所动。

富翁急了，他不知道这老头儿到底在想什么。

看看富翁不解的样子，老头解释说："我干金匠这么大半辈子，但从来不做同一种款式的首饰。可是你那里长年累月得老干同一个活儿，有什么意思呢？我之所以还在做金匠这个活儿，就是因为我没把这当谋生的工具，这也是我的爱好。"

富翁终于明白，自己是请不动这个老头儿了。

兴趣爱好不但能让年轻人成就大事，也能为生活增添情趣，是一个人的精神伴侣。比尔·盖茨曾说："每天清晨醒来的时候，我都会为人类生活因技术的进步所带来的发展而激动不已。"这句话体现了他对科技的兴趣和激情。他付出那么多的精力和时间用于研究软件，很大程度上是因为他在追逐自己的兴趣。

孔子曾说："知之者不如好之者，好之者不如乐之者。"他把"乐于学习"提到这样的一个高度是有道理的。因为兴趣和爱好是最好的动力。只有兴趣，才能极大地促进年轻人的求知欲，使你的注意力高度集中，从而能完美地完成某件事情。

保留一点自己的业余爱好，就能在忙碌的生活中为自己带来一份快乐和友谊。有了兴趣，就等于有了与他人交往的"触点"，兴趣广泛，接触的事情就多，自然也结识更多与自己有同样爱好的人，并与他们成为朋友。在与朋友们的交往中，年轻人的视野会更加开阔，了解的知识也会更多，更重要的是，在你失意或开心时，有人能与你一起承担和分享。

加拿大一位医学专家曾说："没有任何业余爱好的人，他的生活是不会获得宁静的。至于培养什么样的业余爱好倒不重要。可以欣赏音乐，制作昆虫标本，种花草、钓鱼、登山……

一份业余爱好是年轻人生活中不可缺少的辅助色调。有时，当你在工作、生活中遇到困难时，还可以用业余爱好来调整自己的状态，所以，年轻人，何乐不为呢？

坚持运动，给身体加点活力

利用空闲，找一种本业以外你爱好的副业，如果可能，还需多找几种。你的副业越多，你的朋友的圈子便愈大，精神上的愉快便愈多。

——卡耐基

有人说认真的表情让人看起来更有魅力，其实充满活力的年轻人同样是令人羡慕的对象。适当的运动，让阳光、新鲜空气把自己包围，能刺激身体分泌令人感到快乐的物质——多巴胺。这是一种神奇的化学物质，通常情况下它只在恋爱中的甜蜜男女们体内分泌，它能使心情放松，起到缓解压力的作用。

适当的运动能让年轻人体态轻盈、体型匀称健康。生命在于运动，这是我们经常说的老话，可生活中，年轻人却往往无法坚持下去。偶尔兴致来了就跑上十分钟，可能下次跑步已经是半年以后的事情了。

因此，年轻人要找到属于自己的运动方式，才能很好地坚持下去，起到强身健体的效果。

海清是国内知名的女演员，她七岁就开始出演电视剧，近些年由她主演的电视剧《媳妇的美好时代》让她成为家喻户晓的人物，甚至被市民亲切地称为"国民媳妇"。海清在忙工作的同时，也不忘了坚持运动，现在的她每天都会抽出时间来练习瑜伽。她始终认为，运动能让人充满活力。海清大学期间一直进行形体训练，在成了明星之后也没有放弃锻炼身体。虽然成为明星之后，绝大部分时间都用来工作，但她仍然在闲暇时间里坚持运动。

"有时间我就会去健身房，如果时间不允许，就在户外跑跑步，简单地做一些瑜伽动作。"海清在被问及最喜欢的运动项目时说，"我目前最喜欢的是瑜伽，其次是游泳。瑜伽可以使自己排除杂念，通过冥想、调节呼吸等练习，使自己的心绪安静下来，有利于净化心灵，增加活力，始终保持一种积极的状态。实际上，海清在影视剧中塑造的形象就能证明健身对她的积极影响，她总是一副精力充沛的样子。

海清认为，作为一个演员，良好的体形、健康的心态是非常重要的，因为艺人的公众形象不仅会影响自己的利益，在某种程度上也会对大众产生影响。海清曾经在电视节目中说：无论年纪大小，都一定要坚持锻炼身体，挑选一个适合自己的健身方式，你会得到丰厚的回报。

说到健身和运动，"动起来"可不是一件容易的事情，尤其是年轻人，生活节奏快，承受的压力大，几乎没有太多的时间去运动。其实年轻人越是没有时间，就越要坚持运动。因为繁重的工作会让身体超负荷运转，而整天坐在电脑前会让身体的各个关节吃不消。所以，年轻人要有强烈的运动意识，别等到身体出现了问题，才想着去运动。

卡耐基告诫年轻人"要尝到健身的甜头，就要从运动当中得到快乐，这样才不会对运动产生抵触情绪。科学的运动可以让年轻人拥有更柔韧的骨骼和更强壮的脏器，让年轻人拥有饱满的精神状态和敏捷的思维，更可贵的是，运动还能让你远离疾病。

运动是最亲民的保健方式，不需要投入太多财力，却可以得到最宝贵的东西——健康。如果你热爱运动或者正打算减肥，那么你可以选择跑步；如果你时间不够充裕，可以在下班时少坐一会公交，提前一两站步行回家。有效地把健身与生活结合在一起，这是最容易坚持下去的运动方式。

现在很多年轻人都不爱运动，在很大程度上因为运动的过程太累，对意志的考验太艰巨，加上没有足够的时间，所以很多年轻人都放弃了运动。这是不对的，我们的身体是一部精密的仪器，缺少运动就好比不给机器润滑，时间长了就会生锈。所以，赶紧回想一下，自己上次运动是多久以前的事了，或许你应该考虑做一些简易的健身操或者有氧运动，因为拥有健康的体质，才能无所顾忌地享受生活的美好，让人生也拥有更多的快乐。

经营人生，从关心自己开始

得到他人的关爱是一种幸福，关爱自己更是一种幸福。

——卡耐基

年轻人对自己的人生有很多想法，也有很多目标，有人想学跳舞，有人想要射击，还有人想要成为旅游达人……每个人都想要经营好自己的人生，让生命更有质量，让生活更加多彩。可是无论你想要取得什么样的成就，首先要做的就是保持身体健康，要学会关心自己。年轻人有梦想，有目标，想成功，更想让自己拥有幸福，那么从现在起就要学会关心自己，从生活的点点滴滴做起。

　　要关心自己，就要关注自己的健康，不要忽视身体发出的警报。年轻人常常因为工作量大，导致自己身体变得疲惫不堪，每天筋疲力尽地下班后只想着能快点休息，而将生活中的其他内容推向一边。在巨大的压力下，能够保持身心健康更是难上加难。原本活力无限的青春在毫无规律的饮食、熬夜等杂乱无章的生活中慢慢枯萎。

　　机灵的松鼠挑选了一棵又高又大、枝繁叶茂的树，在树枝最粗的一段开始筑巢，准备在这儿安家落户。住在洞里的兔子听到这消息，赶紧向松鼠提出警告："这棵树可不像它的表面那样强壮，它不是安全的住所，我住在它的树根下面，能看到它的树根几乎都烂光了，随时都有倒掉的危险。"

　　松鼠根本不理会兔子的劝告："嘿，还真是奇怪！你们这些住在洞里的家伙，难道我的眼睛没有你看到的多吗？"说完，它立刻动手筑巢，并且把全家搬了进去。不久，松鼠一家增添了几个可爱的小家伙。有一天，外出觅食的松鼠带着丰盛的早餐回来，然而，那棵粗壮的树已经倒掉了，它的孩子都已经摔死了。

　　看见眼前的情景，松鼠悲痛不已，它放声大哭道："我多么不幸啊！兔子的警告竟然会是准确的，可我没有听他的劝告！"

　　"轻视忠告是愚蠢的。"兔子答道，"你想一想，我就在地底下生活，和树根十分接近，树根是否强壮，有谁还会比我知道得更清楚呢？"

　　确实如此，对于年轻人来说，只有健康才能算得上是美好的；只有身体健康的年轻人才有能力享受生活赐予的幸福。一些年轻人从不在意自己的身体，认为自己还年轻，那些可怕的疾病不会在自己身上出现。这种盲目乐观的思想，让很多年轻人的身体过早衰老，一些发生在老年人身上的疾病甚至在很多年轻人身上开始出现。这都是因为不爱护自己，不注重自己的健康所造成的。

身体和精神是互相关联的，年轻人若要想成为他人眼中优秀的人，首先就要从关爱自己的身心健康开始，当你拥有健康的身体和精神饱满的心理状态时，才能够从容应对生活和工作的压力。所以年轻人一定要关注自己身体，不要忽略身体发出的警报，别等到不可挽回的时候才后悔。

关爱自己并不是一句口号，而是要从实际生活中做起，很多年轻人因为时间关系，常常不吃早餐，这是不健康的做法。早餐是最重要的一顿饭，一顿营养丰富的早餐必须具备这几类食物：谷类、豆类、鸡蛋或蛋白质丰富的食品。这样的早餐才能为身体提供足够的能量，让你有精力完成上午的工作。

健康的年轻人宛如一株英姿挺拔的松树，纯真的活力能带给人一种很舒心、很惬意的感觉。所以。年轻人不要再为自己找种种借口，要学会关爱自己，才能得到他人更多的爱。

养生，从饮食开始

健康是最宝贵的财富，健康也是人生第一财富。

——卡耐基

提到养生，年轻人总以为那是大叔、大妈们的事情，离自己还远得很，年轻人缺乏养生意识虽然可以理解，但却不是正确的。现在越来越流行养生馆、养生汤、养生粥……各种养生的食物，在这全民养生的时代，年轻人别以为那些"养生"是专门为老年人服务的。实际上，那也是在警告貌似活力四射的年轻人，要保护自己的身体。

健康是创造一切的资本，而日常生活中的饮食则是维持身体健康的重要环节。在快节奏的生活里，很多年轻的白领都过着"快餐生活"，洋快餐、中式快餐是午餐的首选，即使晚上下班回家，吃的也是从超市买回来的速冻食品，毫无营养价值可言。

年轻人要知道，不管你的工作压力有多大，饮食都是生活中的重要组成部分，食物是保证健康的基石，而饮食是健康的关键，也是保持健康的第一要诀。所以，年轻人不要为了节省时间或图省事而不注重饮食。

宋美龄是中国近代史上的一位传奇女性，同时她也是一位长寿的女性。虽然她曾因为乳腺癌做过两次手术，但她却一直活到 106 岁，这与她注重日常饮食是密不可分的。

她每天早上要一杯牛奶，两片面包，还有一小碟由芹菜、胡萝卜组成的小菜；午餐吃一两饭，主要吃青菜、豆腐等素菜，或者吃一些鱼或牛排；晚餐与午餐的食量差不多。

宋美龄对于蔬菜的吃法非常有研究。她认为煮熟的青菜虽然利于消化，但蔬菜的细胞和组织结构会在高温中分解或遭到破坏，营养价值会流失。例如素有"蔬菜之王"美名的菠菜，就是宋美龄每餐必用的，因为菠菜不但含有较多的蛋白质，而且还有多种维生素和矿物质。

宋美龄很注重食物的质量，少食多餐，她每一次进餐只吃五分饱，即使再喜欢吃的食物，也绝不贪食。在宋美龄的食谱中，每天餐后的苹果是必不可少的，饭后必吃一个。后来随着年龄的增长，她每天用餐的数量逐渐减少，不过吃苹果的习惯却一直保留。宋美龄还有一个饮食习惯，就是每天都会喝一碗燕麦粥。即使是晚年在纽约生活的时候，她仍然保持着每天早晨喝燕麦粥的习惯。

从宋美龄的饮食中可以看出，要想保持身体的健康，养成良好的饮食习惯是非常重要的。年轻人工作压力大，并且夜生活丰富多彩，身体经常处于透支状态，所以，更应当在平时注意养生。其实，养生是一件很简单的事，不必大动干戈地花钱买健康，只要在日常生活中注意一些细节就能起到养生的效果。

比如，作为上班族，年轻人在工作中由于精神压力较大，容易感觉疲劳，甚至出现神经衰弱综合征。因此，平常可以吃一些健脑的食物，而鱼、奶、蛋等食物就是首选。因为这些食物含有大量的氨基酸，能保证脑力劳动者的精力充沛，提高思维能力。其次，还可以多吃一些富含维生素 C 的食物，如水果、蔬菜等。

年轻人由于饮食没有规律，常常发生体重超标的情况，那么通过控制饮食也可起到减肥的作用，可以补充大量的膳食纤维素，如各种豆类和谷类、粗粮等。多吃水果和蔬菜，如樱桃、梨、芹菜等，另外还可以适量摄入低脂类的食物如大豆、鱼肉、酸乳酪蛋白质等。尽量做到少吃多餐，少吃零食，减少糖分的摄入，这样坚持下去就能获得理想的体重。

在很多年轻人的意识里，总认为年轻、身体状况好就是本钱，对自己的生活方式不加约束。而国外的研究表明，年轻时的生活方式将决定年老时的身体状况。年轻时，如果不注意养成健康的生活方式，就会在年纪逐渐增加时，遭受病痛的折磨。现在，金钱能买来很多东西，但年轻人不应该忘记，精神和身体的健康是无法用金钱来换取的，经营人生的前提，就是要保证自己的健康。

好的爱情需要用心经营

不要挥霍爱情，爱是会耗尽的。

——卡耐基

爱情是世间最美好的事物，它让人迷醉，也让人神怡。可年轻人却常常因为在爱情中受到伤害后，就会产生怀疑，质疑爱情的美妙，却不知爱情虽然美妙，但也需要用心经营才能持久芬芳。有人说爱情就像香水，刚打开的时候，味道很浓郁，可随着时间的流逝，香味慢慢变淡，没过多久，便消失殆尽。年轻人要使自己的爱情保持初始时的芳香，就要不断加入新鲜的材料，至于要添加什么样的材料、该怎样添加，则要靠年轻人自己去细心体会。

也有人说"婚姻是爱情的坟墓"，这是错误的说法，那些有这类想法的人只是不懂得如何去经营爱情。茫茫人海中，两个人能走到一起是因为爱，是因为彼此之间曾出现过的心动的感觉。那些山盟海誓、赏月观花的浪漫只是偶尔出现在爱情中，不可能一直伴随在爱情中，而长久的爱情则是融化在生活中的，两个人共同买菜做饭、擦地洗碗，你为他捧来一杯清茶，他为你撑开一把雨伞……这些全部是爱的体现，而且都是一些很简单的细节。

有一位画家，虽然功成名就，但他的感情却一直不顺利，甚至还有过一次不成功的婚姻。他的前妻十分漂亮，不仅受过相当高的教育，而且为人也温柔贤惠，属于人见人爱的女性。然而他们最终还是分开了。

而他的第二任太太，既不漂亮，也没受过高等教育，每天只是操持家务，可他们夫妇之间的感情却一直很好。画家的朋友对他们的婚姻关系感到百思不得其解，完全找不到逻辑。在一次谈话中，画家为他的朋友们揭开了谜底。

原来这第二任太太虽然没有动人的美貌，但对自己的丈夫，她有一套经营爱情的方法。丈夫作画的时候，她常常换上干净的衣服，把家务事都处理好，然后悠闲地坐在沙发上，全神贯注地观看丈夫的创作，还时不时地送上一句赞美。而画家在第二任太太的鼓励下，创作出了很多出色的作品，他尤其喜欢太太欣赏他的工作和事业，因此两人的感情便与日俱增，最终找到了属于他们的幸福。

爱情之所以在时间的流逝中渐渐褪色，失去了最初的浪漫的色彩，是因为年轻人把有限的精力分散在了其他方面，这并不能说明爱情消逝了，而是你忽略了经营爱情。只要多花一些心思放在感情上，爱情就能够以一种更加新鲜的面貌存在年轻人的生活中。

有一句俗语是"相爱容易相处难"。是的，轰轰烈烈的爱情只会出现在电影里，现实中的爱情不一定会惊天动地，也不必世人皆知才精彩。山盟海誓的承诺不一定代表真爱，爱的时候自然愿意赴汤蹈火，而不爱的时候承诺便烟消云散。真实的爱情掺杂了生活的琐碎、冗长和沉闷，甚至会有很多机械式的重复。

年轻人要明白，爱情始终会有瑕疵。一段爱情刚开始的时候，年轻人从不仔细体味，只是一味地享受，那些瑕疵轻易就被忽略。而随着时间的流逝，年轻人对爱情失去了新鲜感，便开始认真品味两人之间的生活，这时那些平日看不见的矛盾已经积累到一定程度，原先的爱情被不满替代，只剩下抱怨与指责。

当年轻人开始指责爱情时，应该明白这不是爱情本身的错，而是你对爱情的理解不够深刻，是你对生活中的爱情已经熟视无睹。爱情并没有消失，它只是在散乱的生活细节中，它需要你用心去感受。所谓细微之处见真情，拥有信任、理解和包容才能经营出一份美好的爱情。生活离不开一日三餐，没有人的爱情里充满浪漫，永远在鲜花中度过一生。所以，年轻人要想经营好爱情，就不能只追求爱情新鲜的刺激，而应该回到现实中来，接纳爱情的平淡，享受琐碎的幸福。

别爱得那么浓烈，才能享受爱情的美好

如果你真爱一个人，就不要急于对他（她）太好。

——卡耐基

爱情的美好让无数人为之疯狂，爱可以穿越时间、地点，甚至能永恒。当年轻人得到爱情的时候会发现，对方就是自己的全部，对方的开心就是自己的开心，会以对方为自己的全部。可你是否想过，这样爱得太浓烈真的好吗？生活其实充满精彩，但如果你爱得太浓，就会看不见其他美丽的事物。当你倾尽全力将自己的爱赋予对方时，就会迷失自己。

面对一份珍贵的爱情，年轻人可以全力爱，但千万别爱得太激烈，要给自己留一份喘息的空间。看过《红楼梦》的人都知道林黛玉有多爱"宝哥哥"。贾宝玉的一句话，一个眼神，都能让她辗转难眠。对贾宝玉的爱成了她生活的全部内容，却不知道，全身心投入爱情的人，命运总是充满坎坷的，完美的爱情只能在虚幻的世界中永存。所以，要经营好自己的人生，年轻人一定要控制自己的感情，爱得太浓也会灼伤自己，要留一点空隙给自己，作为抽身的退路，也给自己留一份做人的尊严。

他们在一起已经五年了，她一直扮演着为爱情付出的角色。她疯

狂地爱那个他，浓浓的爱能把他淹没。她把以前的闺蜜和自己的兴趣都放弃了，缩在自己的小家庭里，为爱全情付出。他们的生活从来都是她一手打理，他什么都不用担心。每天她变着花样为他做好吃的，就连吃饭她也要给他夹最好吃的菜；购物时，她从来都不会忘记给他买一份礼物，她习惯按他的眼光判断事情，也常常为他的言行举止而感到自豪。渐渐地，她在他的阴影下迷失了自己。

"我愿意为你，我愿意为你，忘记我姓名，失去世界也不可惜"，王菲的《我愿意》是她最喜欢的一首歌，这首歌唱出了她的心声，她在全情的付出中体会着幸福。她本以为自己的付出是伟大的，所有一切都只是因为真爱，但她实在是忽略了人的本性——所有的付出都是要求回报的。

一天，男人辜负了她的爱和她的付出时，伤心欲绝的她跟所有世俗的女人一样，憎恨男人无情，后悔自己的付出白白浪费，所有的付出一文不值，还让自己落得狼狈不堪。

生活中，很多年轻人认为只有时刻将自己所爱的人放在最重要的位置，才是最真挚的爱情，不在乎自己的付出，甚至愿意牺牲自我。那么你是否想过，当你放弃了真正的自我，全身心的为别人而活的时候，你真的享受到了爱情的快乐吗？

年轻人遇事要理智，对待爱情也一样，要保留自己的底限，不能为了对方而失去自我，否则你尝到的只是苦涩。你可以深爱对方，但是却不能因为这份爱而影响自己，因为当你失去了最独特的自我时，也就真的失去了被爱资格。太激烈的爱，就好比飞蛾扑火，虽然壮美却转瞬即逝，留不下丝毫痕迹。一旦爱情开始褪色，一切美好都成为过去，你该如何面对那一地的狼藉？

年轻人不要把自己的付出看做伟大，也许你只是在感动着自己。一位心理学家指出，最佳的爱情状态就像是两个有部分重叠的圆：有共同的兴趣和共同的话题，在某些事情上能达成一致，能互相理解和支持。同时，还要确保有各自的空间做自己喜欢的事情。而最糟糕的爱情就像是两个完全重合的圆，里面塞满了各种线条，代表爱情中两个人无时无刻都形影不离地粘在一起，这样最后总有一方会产生厌倦。

俗话说"君子之交淡如水"。人与人之间的关系是复杂而微妙的。爱情也一样，爱情就好比甜点，太浓烈就会让人腻；而平淡如白开水一般的爱情，反倒能细水长流。年轻人要知道，当你将所有的注意力全都放在了对方身上，就会像一支蜡烛，奋不顾身地燃烧，最后却什么都留不下。年轻人要经营好爱情，就要学会适当地给彼此留一些独立空间，这样的爱情才能长久。

想要别人爱，先要爱自己

一个人若能让自己感到愉悦，那么他必然也能让他人感到悦人。

——卡耐基

年轻人都愿意让自己成为一个受欢迎的人，希望身边的每个人都喜欢自己。但"现实和理想总是那么不协调"，有时候你拼尽全力想要博得对方的好感，却始终不能如愿。年轻人应该知道，要想博得别人的好感和喜欢，先不必担心别人是否喜欢你，而是要改变自己的态度，更大地发挥自己身上让别人喜欢品质，换句话说就是先要"爱自己"。有时不是没有人爱你，而是你是否值得他人去爱。当年轻人在社会和生活中扮演着不同的角色时，千万别忘记自己是独立的个体，而一个真正值得他人去爱的人，首先是一个自爱的人。

慧的男友是在一场车祸中丧生的，当她得知这个消息的时候，悲

痛欲绝的她完全没办法让自己平静下来。每当想起死去的男友,回忆
起往昔的美好时光,无论她做什么,想什么,心都是刺痛的。她知道,
要让自己摆脱痛苦,唯有让自己忙碌起来。

她将所有的精力都投入到工作中去,但是只要她一静下来,甚至
只要走路停下来一会儿,那种哀伤就会袭上心来,令她无法招架。后
来,慧不再逃避,不再没事找事的瞎忙,当痛苦再次袭来时,她不再
逃避,而是让悲痛一点点地走近自己,然后渐渐地消退,虽然想到仍
会难过,但却能让自己渐渐地平静下来。

最后,她终于战胜了自己,她已经可以不必再抗拒那种情绪,她
明白最痛苦的那一刻已经过去了,她要开始新的生活,过属于自己的
快乐的日子。

"我可以再次体会人生的快乐,那些痛苦已不是现在的事了。它只
是我人生的一部分,而我人生其他的道路,还可以继续走下去。"这是
走出伤痛后,她所说的第一句话,她的坚强让所有的人都肃然起敬。

就是凭着这份坚强,一个暗恋她多年的男孩鼓起勇气向她表白,
同时给予了她无微不至的关怀,很快,她又一次坠入了爱河,顿时她
感到自己的生活又一次鲜活、亮丽了起来。

年轻人,要知道无论发生了什么,生活在现在,面向着未来,过
去的一切终会被时间的洪流冲得一去不复返。所以,我们没必要将那
些悲痛永久地埋在心中念念不忘。

其实,善待自己,是一种心态与人生态度,不懂得善待自己的人,
也不懂得如何去善待别人。只有自己快乐,才能带给周围的人快乐。
女人,在任何时候都别把自己不当回事,每天土头灰脸,愁眉苦脸地
度日,不仅对不起自己,也影响家庭的和谐。无论你所处的境遇如何,
生活中也不一定总是充满快乐,但是只要内心是淡定的,自己完全可
以创造出快乐来,比如给自己买支玫瑰,外出郊游,找闺蜜聊天……

也会使你一天的生活变阳阳光灿烂。

约瑟夫是美国一位资深的外交官，他曾经说："外交的秘诀很简单，就是：我要喜欢你。"所以，年轻人在经营自己的感情时，不要在意别人是否喜欢自己，而是要先学会爱自己，最后就会取得"无心插柳柳成荫"的效果。当然，为了要得到友谊和感情，年轻人也必须意识到"施比受用更有福"，然后把这种认知用实际行为表现出来。

任何一个年轻人都要明白，无论在恋爱还是家庭中，不要勉强自己做不喜欢做的事。无论你是单身还是已婚，都要给自己留一些交际空间，扩大交友范围，因为良好的人际关系可以让你心情愉快。对于坠入爱河中的年轻人来说，如果想要对方爱自己多一点，那么就要先爱自己多一点。因为一个不懂得珍惜自己的人，一个经常敷衍自己的人，是无法得到别人的爱的。

所以，年轻人要明白，生活当中有许多美好的事情，爱别人让你能收获感动，爱自己则会让你收获更多的他人的爱。如果不珍惜自己，到最后受伤的也只能是自己。当你学会了对自己好的时候，才能真正地拥有快乐，才能经营一份真挚的感情。

别害怕剩下，只是没碰到对的人

不要着急，最好的总会在最不经意的时候出现。

——卡耐基

年轻人对曾经的感情总是会习惯性地怀念，当一段感情无疾而终的时候，往往会痛不欲生、无法割舍。越来越多的年轻人害怕自己"剩下"，成为"剩斗士"，因此而焦急地要结束自己的单身生活。其实，年轻人要懂得，无论是对待工作还是感情，都要保持"淡定"，从容地经营自己的人生。

爱情的开始如童话般，可结局有时却像噩梦。无论你如何不甘心，可事实无法改变。再美的故事，也难免落得悲伤的结局，两个人对一段感情的投入没有谁对谁错，从幸福的天堂跌进地狱，强烈的反差挑战着年轻人脆弱的神经。但是你要知道，未来还有很长的路要走，如果在一段感情中寻死觅活，只会显示你的懦弱。更何况，一段感情的结束并不是世界末日，也许你会找到更好的。

雪兰毕业后离开了熟悉的城市，来到了一个陌生又全新的地方，开始了人生的另一段旅程。第一次离家，强烈的孤独感无边无际地笼罩在她身上，这时，张健的出现让雪兰以为找到了真爱。雪兰是在工作中认识张健的，开始的时候，她想找个人说说话，所以经常跟张健聊天，时间久了，她在心里对张健也产生了好感。后来，两个人便自然而然地确立了恋爱关系。

没过多久，雪兰便拉着张健去拍情侣写真，这一度让周围的朋友都误以为是他们的婚纱照。那天早上，她拉着张健早早地就来到影楼开始化妆，由于雪兰化妆的时间太长。张健在一旁等得无聊，竟然在一旁睡着了，这一幕让雪兰哭笑不得。

然而，渐渐地，雪兰对这份感情产生了怀疑。最后，谁都没有料到，原本两人已经到了可以谈婚论嫁的地步，结果却没有坚持到最后。在度过了最初的热恋期后，清醒过来的雪兰发现自己跟张健在一起，更多的是由于家人觉得两人比较合适，而不是因为他们之间存在真爱。雪兰觉得张健太节省，相处两年都从来没收到过花。时间长了，也慢慢感觉到两个人的性格不合适，张健太内向，而雪兰比较活泼，在生活中共同点太少，矛盾太多，而且每次两人发生矛盾后，张健就一直冷战，总是要雪兰主动才能和好。因此，在雪兰看来，虽然为这段感情耗费了两年青春，但结束这段感情却让她有一种解脱的感觉。

雪兰是洒脱的，面对一段不合适的感情，最正确的办法就是放下，转身。年轻人不要担心自己碰不到对的人，那只能说明你的缘分还没到，你的"王子"或"公主"还没出现。离开那个让你痛苦的人，你一样可以生活得精彩。

年轻人往往把爱情想象得太美好，希望自己的每一段爱情都能像童话一般，有一个圆满的结局。可是在现实生活中，这样的概率几乎是少之又少。爱情不过是一种感觉，失恋时会很心痛，但随着时间、心境的推移和转变，心灵会慢慢沉静、改变。缘分该来的时候自然会来，每个人总会找到自己的另一伴。失恋带来的痛苦只是暂时的，那只能说明对方不适合你，没必要寻死觅活。无论男人、女人，认识这一点便会减少很多无谓的痛苦。

有时候，一段感情的结束并不一定是因为性格不合，而是命中注定没缘分，此时你要做的就是谢谢对方，陪你走了一段旅程。不必把分手看成是世界末日，两个人因为误会而相爱，因了解而分手，反而是一件好事。即使有时只是一厢情愿地分手，至少你可以早一点了解事情的真相，总比日后后悔莫及要好得多。年轻人要走的路还很长，分手有时也是一种新的契机。当两个人选择各奔东西时，若你能放开心胸，去重新认识自己或者调整心态，投入到另一段感情中，未尝不是一件好事，分手虽然不快乐，但也不必寻死觅活。

别对自己太苛刻

成熟的人会适度地忍耐自己，正如他也会适度地忍耐别人一样，不会因为自己的性格弱点而活得痛苦。

——卡耐基

年轻人在对别人展示宽容大度的时候，也别忘了宽容自己，经营人生不只是要取得事业上的成功，更要让自己的生活充满快乐。所以，学会原谅自己，别对自己太苛刻。也许你认为，宽恕是指对别人所犯的错误心存善念，要学会包容。其实，包容自己要比包容别人更重要。年轻人在人生的成长过程中，常常是"摸着石头过河"，难免犯错，当一些错误发生时，就会在心灵深处留下一个缺憾。而包容自己就好比让心灵在阳光中洗涤，抖落那些晦暗，才能真正体会生命的美丽。

费怡是一位很成功的女性，她是一家电子公司的总经理，过着普通女孩所羡慕的生活，财富、地位和美满的家庭，她全都拥有。但是，在费怡的心里却一直有一份沉甸甸的伤痛。原来，费怡一直都是争强好胜的女人，她的成绩都是班里最好的。直到上了大学，费怡还是样样优秀，直到认识了一位英俊的青年——克雷尔，骄傲的费怡跌入了情感的漩涡，无法脱身。

克雷尔是来自一个偏远山村的穷小子，因此，费怡的父母极力反对，因为她们觉得克雷尔不能给费怡带来幸福。但是费怡一直在坚持，不久，居然怀孕了。费怡的父母知道后强烈要求女儿放弃这个孩子，但是年轻气盛的费怡却坚持自己的意见。父母一气之下就对费怡说，如果不放弃这段婚姻，就不认她这个女儿。

可倔强的费怡根本无视父母的苦心，而跟克雷尔私奔了……最后，费怡还是没有跟她爱的克雷尔"有情人终成眷属"，因为她发现克雷尔并没有她想象的那么优秀。时间过得很快，一转眼十年过去了，费怡从来没有回去看过自己的父母，因为她害怕见到他们。

有一天，费怡收到母亲的来信，父亲病危，想见见费怡。可费怡却没有勇气回去，当她犹豫很久，终于下定决心回家之后，她的父母却因为伤心过度，早已去世。从此，这件事就成了费怡的心病，她觉得是她伤害了父母。

费怡向她的心理医生求救，可心理医生只对费怡说了一句话："对不起，我并不能帮您多少忙，真正能帮上忙的只有一个人，那就是你自己。学会宽恕自己吧，这是唯一能救你的办法"。

的确如此，年轻人别对自己曾经做错的事情太纠结，要懂得原谅自己，宽恕自己，否则就只能忍受心灵的煎熬。其实，发生过的事情，无论你如何悔恨都无法挽回，过去的就要学会放下。不必折磨自己，就像故事中的费怡，只有学会宽恕自己才能获得心灵的宁静。

人生难免会有很多遗感，但年轻人要学会别把那些遗憾留在心里，变成打不开的死结。很多时候都是我们自己跟自己过不去，其实事情并没有想象中那么糟糕，只要你愿意，没有什么放不下的。年轻人要学着经营自己的人生，如果当一切都破碎后，你能试着宽恕自己，重新走入一个全新的世界，就能走进人生的另一种境界。

席慕容在《白色的山茶花》里这样写道：因为每一朵花一生只开一次，所以它们都极为小心地盛开，因此满树的花没有一朵是开错的。人的生命也就如盛开的花朵，一生也只有一次，但是年轻人不能像花儿一样小心翼翼地活，而是应该宽容地对待自己的错误。人生不如意十有八九，在漫长的人生道路上，年轻人会遇到很多事情，让你产生失望或为之懊恼。但你一定要懂得释怀，懂得放过自己，不能把自己逼上一条不能回头的路。人生最不幸的事，就是背着沉重的心灵包袱前进，聪明的年轻人应该懂得宽容自己、原谅自己，这样你才能发现生命中的阳光和希望。

面对"鸡肋"要学会放手

你有信仰就年轻，疑惑就年老；有自信就年轻，畏惧就年老；有希望就年轻，绝望就年老；岁月使你皮肤起皱，但是失去了热忱，就损伤了灵魂。

——卡耐基

爱情永远是一个无法用理性解释清楚的话题，对年轻人来说，爱情有时胜过一切，无论对方是否真的爱自己，只要抓住就不放手。其实爱情不是唯一，年轻人正值青春年华，不能沉迷于爱情中不可自拔。偶像剧里那些轰轰烈烈、爱恨情愁相纠结的故事的确令人着迷。"在天愿作比翼鸟，在地愿为连理枝"的誓言，让年轻人为之疯狂，为了爱可以放弃一切。

"鸡肋，食之无味，弃之可惜"，面对一份如鸡肋般的爱情，年轻人还是果断放弃比较明智。因为你没有必要为爱与不爱而伤心落泪，花开终有凋零时，爱不可强求。与其让自己陷入无望的爱情，不如潇洒地转身，寻求新的开始。

初曼大学毕业后，一个人来到法国留学。刚到巴黎的时候，她无依无靠，但是为了生存，她必须要学会独立。于是她在餐馆找了一份服务生的工作，因为初曼爽朗的性格，很快就与其他的同事们打成了一片，同事的聚会也常常会邀请她参加。

于是，在一次聚会上，初曼认识了同在酒店工作的戴维。戴维是大堂领班，比初曼大三岁。那一天初曼下班后和同事一起去喝酒，正好碰到戴维。开始的时候一切都还正常的，大家有说有笑闹个不停，等到都进舞池跳舞的时候，戴维忽然变得很安静，一个人拿了杯酒到旁边坐着。这引起了初曼的注意。于是初曼拿了一杯果汁过去，坐在戴维旁边。聊天中，初曼得知戴维也不是法国人，跟她一样都是远离家乡来法国谋生的。

从那以后初曼和戴维越走越近，戴维也在工作中对初曼比较照顾。终于，日久生情，初曼完全被戴维俘虏了。可好景不长。一天初曼回到戴维的住处时，看到戴维慌乱地把一张明信片塞到枕头下。趁戴维洗澡的时候，初曼悄悄地找到那张明信片。一看才知道，竟然是戴维的女朋友写过来的，因为太想念戴维了，她要来法国……这封信犹如晴天霹雳，她从没听说戴维有女朋友，初曼越想越不对。她跟戴维大吵一架后，摔门而去。爱恨交织的矛盾折磨了她一夜，最终决定跟戴维分手。

可第二天一出门，初曼却看到戴维站在她门口。戴维说不知道该怎样得到她的原谅，所以一大早就跑过来跟她解释。可初曼理智的拒绝了戴维的请求，坚定与戴维分手，这个正确的决定让初曼找回了自尊，也找到了幸福的开始。

在感情中，年轻人的心是脆弱的，是容易受伤害的。这其中最大的原因就是年轻人总是习惯把对方当成生命中最重要的一部分，付出自己的所有热情去投入一段感情。为了成全对方，年轻人会一再妥协、忍让，却在不断的容忍中一次次地被伤害。这样的感情，是不值得年轻人为之留恋的，正确的选择是放弃。

感情中的任何一方都不应该是对方的附属品，年轻人要懂得保持自己的兴趣，和独立的生活。通过交友、读书、娱乐、充实自己的内心，即使没有爱情滋润，仍然活出另一份潇洒自在。年轻人不应该为不爱自己的人伤心难过，更不应该为对方的承诺去等候一生。无论男人还是女人，在爱情中都要做一个独立的人，不过分依赖对方，让自己享受更多生活的乐趣。

如果一份感情是有未来的，哪怕历经艰辛也要去争取；如果你的那份感情是没有希望的，那么，即使你无法割舍也要学会放弃。

一段不值得回味的感情，如果久久不能放下，伤害的只会是自己。那么，年轻人要学会经营好自己的感情，就要懂得适时放手。萧亚轩有一首歌唱道："头发甩甩，大步地走开，不怜悯心底小小悲哀。挥手拜拜，祝你们愉快，我会一个人活得精彩。"年轻人要懂得，一个人也能够活得精彩，你的人生除了爱情，还有许多其他值得你珍惜的东西，比如亲情、友情和事业。等你不断丰富自己的内涵，成为一个成熟、充满魅力的人时，相信为你倾倒的人绝不会少，这时，你才能理智、清醒地知道自己想要的是什么，才能找到你的真爱，并与之共度一生。

旅行，让远方的风景洗涤心灵

一个在为人生奋斗的人，要是不列一个有效的计划，就好比你去某个地方旅行时，不规划好行程一般。

——卡耐基

卡耐基曾经这样说过："一个在为人生奋斗的人，要是不列一个有效的计划，就好比你去某个地方旅行时，不规划好行程一般。"这说明，旅行不仅能锻炼年轻人的处世能力，还能洗涤心灵的灰尘。年轻人在经营自己的人生时，有必要跳出习惯的圈子，去看看外面的世界。

带上简单的行李，去一趟远方，发现全新的自己。

其实旅行的意义并不在于你看到了什么样的风景，而在于，当你走出习惯的圈子后，对自己有一个新的认识，从而在生活和工作中为自己找到新的乐趣。发现一个新的自己。蒙田曾经说：在我看来，旅行是让心灵在旅行中不断探索未知的事物，是一种颇为有益的锻炼。

旅行必须要依靠交通工具，但如果条件允许，请尽量尝试徒步旅行吧！当你用自己的双脚一步一步行走到某地时，你的眼睛、耳朵和整个身体所有的感官都能体验到旅行的乐趣。那种漫无目的的随意行走，到一处陌生的地方，欣赏不一样的天、不一样的云彩，没有精细的时间限制，不必担心被迫购物……这样的旅行才是真正的旅行，就算静静地看上半天的日出日落，也能让你的心灵在宁静的环境中得到抚慰。

台湾艺术家赖声川被誉为"亚洲剧场之翘楚"，他曾经说："旅行和话剧，是我生命中最重要的两个元素。我每隔一段时间会做一次旅行。"赖声川在旅行时，有时会乘坐豪华游艇，有时也会当一把背包客。因此他的新剧《在旅途中说相声》其实就是他在旅途中所积攒的所见所闻。正如他自己所说："我想表现生命的对话，探讨旅行的本质和目的到底是什么。"

赖声川是一个不喜欢受拘束的人，他对自己的穿着也很随意，只有一个要求——舒服。因此他无论走到哪里，都是穿着舒服的中式黑衣。他的旅行丰富而有趣，很让人羡慕。赖声川曾经用一句话表达了自己对旅行的热爱和感悟："不懂得旅行其实是另外一种遗憾。"

谁又能说不是呢？当我们物质上越来越富裕的时候，精神上却变得越来越贫乏。所以，一个真正会享受生活的人，一定要记得隔段时间就去旅行，让自己在旅行中得到别样的感悟。

忙碌的繁忙生活让年轻人感到身心疲惫，而旅行则是释放压力的最好方式。在悠闲的旅途中，你一定会有工作之外的收获；在旅途中，你有足够多的时间用来思考，可以放飞你的思维，这时你的身心和灵魂都是自由的，而人生最大的幸福莫过于获得自由。

当然，旅行也不是一件简单的事，一场美妙的旅行有很多注意事项，比如，不要花费大量金钱购买纪念品。旅行的目的是为了放松心情，愉悦身心，不是为了用纪念品证明你去过某地，只需象征性地买点礼物就行了。旅行切忌走马观花，虽然旅行的目的是放松身心，但如果要在旅行中增长见识，还需要年轻人用心体会。走马观花只能看到表面的风景，不能深入了解到当地的风土人情，也就失去了旅行的意义。

古人云："读万卷书，不如行万里路。"最真实的情感、最真切的感受需要亲身体会才能印象深刻。当你踏遍千山万水，游遍五湖四海之后，才能看到大自然真正的美，感受到生命的美好。不过，并不是所有的旅行都能让你放松。如果在节假日扎堆出行，不但不能让人得到放松，反而会带来巨大的疲惫感。为了避免这种情况的出现，年轻人需要对自己的生活有个规划，提前安排好一段时间，避开出行的高峰，才能拥有一次美好的旅行。

第五课

理财，储藏幸福的小金库

金钱不是万能的，但没有钱是万万不能的。这句话被多少人说过？没错，金钱既能让人上天堂，也能让人下地狱。但过分看重金钱，为之奔波劳苦，不仅身心受到役使，而且也没有时间去体验生活的乐趣了。

那么，如何权衡金钱和生活之间的天平呢？那就是学会理财，规划你的小金库，懂得未雨绸缪。就像人生同样需要规划，有了规划才会有正确的方向。可以说，理财的目的，也在于追求不虞匮乏的丰富人生。从今天起，学会打理你的钱财，规划你的人生，因为，什么样的人生观就会有什么样的理财观。

树立正确的金钱观

当生意更上一层楼的时候，绝不可有贪心，更不能贪得无厌。

——卡耐基

莎士比亚在他的作品《雅典的泰门》中这样写到："金子！黄黄的、发光的、宝贵的金子，这东西只要一点点，就足够颠倒黑白，让丑的变成美的……这段话体现了金钱足可以扭曲人性，直到现在依然如此。在如今市场经济的作用下，金钱成为了每个现代人都不能回避的现实，它对年轻人的诱惑之大，能让人在金钱面前丧失掉本性。

俗话说"有钱能使鬼推磨"，年轻人很容易在金钱的驱使下迷失自己，那么在你赚取金钱、用金钱满足物质生活的需要，在你享受金钱带来的快乐之前，首先要做的是树立正确的金钱观。年轻人刚踏入社会，很容易被他人人云亦云的想法所误导，所以，要谨记不能成为金钱的奴隶，而是要用金钱为你带来真正的快乐和幸福，成为金钱拥有者。

比尔·盖茨身为世界首富，他的钱财足够他花几百年了，但是他在平时的生活中却相当朴素，他没有自己的私人司机，乘坐飞机时也不坐头等舱而坐经济舱，着装也不一定要穿名牌，更让人惊奇的是，他有时还会光顾打折的商店，而且不愿为泊车多花几美元……

与他的"小气"相对应的是他花钱的态度。当有记者采访他时，他曾说："我只是这笔钱的看管人，我需要找到最合适的方式来使用它。"因为这种对金钱的态度，所有微软员工的收入都相当高。比尔·盖茨还和妻子一起成立了"比尔和梅琳达"慈善基金会，为公益和慈善事业捐助了大量捐款。2008 年 6 月 27 日，比尔·盖茨正式卸任微软执行董事长，把自己连"人"带"钱"全部投入了慈善事业，并将个人财产——将近 580 亿美元悉数移交至慈善基金账户名下。

年轻人是应该追求事业和成功，追求财富的积累，这样的人生才称得上精彩，才是丰富多彩的，而你也能够因自己所创造的价值，为他人和自己带来好处，从而得到满足感。但在生活的过程中，金钱只是一种满足生活所需的工具，而不是年轻人经营人生的目的。毕竟，金钱买不到好心情、快乐和健康。对年轻人来说，你的身体、精神和你拥有的快乐远比拥有金钱来得重要。因此，虽然生活离不开金钱，但你也不能让自己变成守财奴，你追求成功的目的不是去一味地增加你的财富，而是让你所拥有的金钱更好地为你服务，改善你的生活质量，同时也为你带来内心的平静和快乐。

石油大王洛克菲勒也是一位成功的企业家，他的财富一点也不比比尔·盖茨少，但他们有一个相同的特点：都是热衷于慈善的企业家。

但洛克菲勒在年轻的时候并非如此，他曾经做了很长时间的"守财奴"。因为出身贫寒，在创业初期通过自己的勤劳苦干，以及对机遇的把握，才逐渐开始拥有财富。而当他富甲一方时，却变得贪婪起来，宾夕法尼亚州油田地带的居民深受其害，对他恨之入骨。可以说，洛克菲勒的前半生是在冷漠中度过的。

他的转折发生在 53 岁那年。因为常年劳累，他被疾病缠身。这时，医生给他一个残酷的选择：金钱和生命，他只能选择一个。于是，他听从了医生的劝告，退休回家，放下对金钱的追逐，开始放松自己，他开始去剧院看戏、打高尔夫球，尝试与邻居们建立融洽的关系。更重要的是，他开始改变自己对金钱的态度，不再做守财奴，转而将他的财富都投入到慈善事业中。最后，他所做的慈善为他赢得了世人的尊敬，也为他赢得了长寿，他成功地摆脱了疾病的威胁，一直活到 98

岁。

年轻人不能对金钱太狂热，认为只要有钱就有一切，金钱是高于一切的，要明白，钱是赚不完的，但是拥有巨额财富未必就是幸福的；但也不能自视清高、对金钱产生痛斥、厌恶的心态，这会阻碍你融入社会，让你举步维艰，因为生活是需要物质为基础的。鲁迅先生曾经说过："认为金钱不重要的人，饿他几天肚皮，再来讨论这个问题。"因此，树立正确的金钱观念，认识到金钱的好处，并将金钱作为获取幸福、健康和快乐的工作来使用，"君子爱财，取之有道"才是正确的金钱观。

年轻人对金钱的观念，也会直接影响到你对生活的满足程度。过分的追求金钱带来的享受，会让你跌进欲望的深渊，无法享受到生活的美妙和愉快。金钱的存在是社会发展的产物，年轻人既不能过分追求，也不能无视金钱的作用。有句老话说"钱不是万能的，但没有钱是万万不能的"。对金钱有正确的认识，才能经营出积极向上的人生态度和正确的生活价值观，才会成为一个优秀的年轻人。

学习一些理财知识

作为习惯，必须把个人财政行为作为你的第二天性。

——卡耐基

有一句至理名言："你不理财，财不理你。"年轻人的理财意识总是比较淡泊，也许你刚参加工作不久，每个月只能领微薄的工资，因此你觉得理财对自己来说是一件很遥远的事情。每个月工资不够花，还没来得及享受养活自己的乐趣，就要面对生活的拮据。这让很多年轻人顾不上思考该怎么打理自己的薪水，只是一门心思想着怎么才能挣得更多。

的确，钱不是省出来的，挣更多的钱才是改变处境的办法。但是别忘了，要开源更要节流，这是理财最重要的一个方面。当你拥有可观的收入，不必为了生计而烦恼，能自食其力过上自己想要的生活，那么在开心之余你也要学会理财。

黄柠是一个刚从校园走出的大学生，她的第一份工作是在一家大型公司担任文秘，月收入为2500元。她清楚地记得自己第一次领到工资的情景。跟同事聚餐、添置生活用品……没过几天，工资就所剩无几。黄柠一看，再继续下去恐怕连房租都交不起了，赶紧把房租生活费留出来。后来，黄柠每月发工资后，第一件事情就是预留出房租和足够的伙食费，剩下的钱就自由支配。

半年后，黄柠发现自己的存折里的存款始终在四位数徘徊，想出去旅游一趟的钱都不够。于是，新年开始，黄柠决定让存折上的数字逐渐增多。她给自己制作了一份收支预算，将工资分成不同的部分：房租，交通费，服装费、餐费，交际费，剩下的则存到银行。刚开的时候执行起来很艰难，但黄柠坚持按照自己的预算花钱。果然，一年后，她的存折里已经有一笔可观的积蓄了，而且衣柜里也新添了很多衣服，并没有因为存钱而降低生活质量。这次的经历让黄柠明白了一个道理，存钱就像是挤牙膏，只要有心存，总是能挤出钱来的。

理财并不是让年轻人把自己的工资全都存在银行里，学会存钱只是学习理财的第一步。理财具有阶段性，根据不同的年龄可以分为单身期、家庭形成期等几个不同的阶段。摆脱"月光族"只是第一个阶段，是为以后的理财打基础。

理财不是一时冲动，今天"理"一下明天就不管了，它是每个年轻人都需要做的事，因为你的一生都跟财富有关！如果你还停留在

"不食人间烟火"的状态，认为"谈钱就俗了"，这就是在跟自己的财运过不去，因为年轻人积累财富，让金钱为自己服务，拥有良好的生活品质是你不可推卸的责任！

在下个月发工资之前，上个月的工资已经花得一毛不剩，甚至需要向朋友借钱度日。造成"月光族"的原因是年轻人对理财缺乏深刻的思考，甚至一些不良习惯，如攀比、崇拜名牌等，会妨碍你进入理财的状态。年轻人要学会合理地安排和规划自己的消费，可以将自己每个月的收入分成不等的几份，用于不同类型的支出。这样你就能清楚地知道自己的钱到底花在哪里，能一目了然地分辨出哪些是不必要的开支。

根据自己的实际收入合理地安排消费，并养成理财的习惯以后，年轻人就需要对理财有一个确切的目标。理财的目标因人而异，可以分为短期目标和长期目标两种。例如你可以积累一笔存款，购买自己喜欢的电器或数码产品；也可以是积攒存款作为日后购买房产的首付。不过无论是什么样的，年轻人都要学会坚持目标，因为时间是理财的利器，而你最大的优势就是拥有时间。

会赚钱，还要会花钱

积极储蓄、更好的投资、更灵活的消费、就能赚到更多的钱。

——卡耐基

年轻人对金钱的愿望是"越多越好"，有钱就能让自己过上舒适的生活，"想买啥买啥，想吃啥吃啥"。但生活真的是这样吗？金钱的多少的确与生活质量有关，但生活也不是钱越多就越好的，年轻人要学会安排生活，只要擅于安排，无论钱多钱少，你都不会觉得自己的日子过得窘迫。年轻人不一定要特别精明，但是要学会善于从身边的人和事中获取经验，学习花钱的方法，会花钱远远比会赚钱重要。

有些年轻人为了满足虚荣心，看到别人穿名牌、去高档餐厅用餐，就觉得自己不能被比下去，即使工资不算太高，也要豁出去"打肿脸充胖子"。这样做只会让自己永远在贫困线上挣扎，花钱要结合自己的实际能力。相反，那些真正会赚钱的人，也更会花钱。虽然这句话听起来可能有些矛盾，但我们经常看到会花钱的人更有钱。当然，"会花钱"不是指没有目的的看到自己喜欢的东西就买，而是指用相同的钱，让自己体会到更多的满足感。

德运大学毕业后开了一家小店，他不靠任何关系，在两个月内，他的营业额就比其他同行高出一半来，他的诀窍是把最大的扣点给业务人员和同行，于是所有人都为他工作，业务暴增，奠定了他的基础。

有了小店做基础，德运渐渐开始接触大生意，他开始接一些大的项目工程，但无论做什么，他所有的生意几乎都是从花钱开始，以赚钱结束的。唯一的一次失误是他在外地接了一个工程，结果那年很多建材价格都暴涨，他一分钱也没有赚到。但德运不是一个小气的人，虽然自己没赚到钱，但他还是按标准完成了那个工程，另外还自己出钱，把当地小学的课桌都换上了新的，因此他离开的时候，受了当地的人民的热情欢送。虽然没有赚到钱，但是他的这一举动为后来的生意奠定了基础。他说："钱其实是会跑，你要学会放它出去，它才会给你带来更多的同伴。"

德运的故事告诉年轻人，无论是对个人还是对企业，花钱的能力比赚钱的能力更重要。生活中，年轻人也许会抱怨，自己赚两千块的时候是月光族，可赚五千还是月光族。看看身边跟自己拿同样工资的人，他们的日子却过得有滋有味，但自己的钱总是不够花。

其实，这就是因为你不会花钱。要知道，含着金汤匙出生的人毕竟只是少数，大多数的普通人还是要靠自己的理财计划积累财富。与其常常抱怨，还不如找出问题的症结所在，对症下药地解决问题。

会花钱的年轻人，通常不会为不必要的事情花钱。比如没事跟朋友出去吃吃喝喝；有事没事就喜欢往商场跑，心情不好的时候要么疯狂购物，要么疯狂吃喝，直到钱包空空才罢手。有的年轻人嫌挤公交麻烦，遇上堵车就打的……这些问题对于年轻人来说都是坏毛病。也许有人会反驳，说年轻人正是挥霍青春的年纪，此时不玩更待何时？如果有这种想法，那就要警惕了，现在毫无顾忌地挥霍，等青春消逝后，你就要开始为自己的挥霍买单了。

年轻人是否拥有会赚钱的能力的确很重要，但是远远没有会花钱更加重要，因为，真正能够赚大钱的人，能成为世界首富的人永远都是少数，大部分人都过着普通的生活。所以，与其每天挖空心思地想着怎样赚大钱，还不如实际点，多关心如何计划好手里有的钱。所以，年轻人不要一门心思扑在挣钱上，而是要思考怎么花钱才最划算。

合理储存你的财产

让你的财务生活自动化，将部分银行储蓄进行每月定期的投资。

——卡耐基

"每年固定储存一年收入的 10%，或将其用于风险不大的投资，那么即使你不是很有钱，也会在几年后过得很富足，很轻松。"卡耐基在谈到年轻人如何理财时如是说。而我们伟大的思想家孔子也说过："君子爱财，取之有道，更应治之有道。""取"就是赚钱，"治"就是理财。年轻人要有赚钱能力，更要有理财能力，否则就会让自己陷入经济危机。

年轻人应该尽早开始尝试投资和理财，越早理财，成功的机会越大。年轻人对理财要有正确的认识，要在一定范围内牺牲自己的物质享受，学习计划，为未来做准备，不要甘于贫穷，也能为了金钱而不择手段。"

有句俗语说"男人决定家庭的生活水准，而女人则决定家庭的生活品质"。这说明，年轻人，无论是男人还是女人，都要学会合理地规划财富。因此，年轻人必须要掌握一些投资理财技巧。那么，攒钱是最首要的一点。

涵意和宏朗大学毕业后，都找到了一份不错的工作，有一份稳定的收入。涵意和宏朗都是很优秀的男孩，长得一表人才，对人也彬彬有礼，唯一不同的就是他俩的消费观念和理财能力。

涵意是比较时尚的男孩，喜欢享受生活，喜欢购买名牌衣服和物品。他的工资大部分都花在日常消费上；他坚持不是名牌就不买的原则，因此他的穿着打扮很潮。在吃饭问题上，他经常是下馆子解决，很少在家里自己动手做。

而宏朗却是比较"会花钱"的男孩，他对于一切生活用品和服装只是追求舒适，当然有时候会买打折的名牌。宏朗还是一个勤快的人，工作再忙，也是自己下班回来做饭吃。在金钱问题上，他每月除了必要的花费外，还要求自己把一部分工资拿出来存在银行，还拿出固定的一部分用于投资。

两年后，涵意一点存款都没有，因为他的工资基本上每月都不剩；而宏朗不仅有了一笔小存款，而且他投资的股票也赚了一笔钱，涵意拿这笔钱报了一个英语班。学好英语后，就跳槽到一家外企工作，工资也翻了一番。

世界拳王迈克尔·泰森曾经一度拥有令人咋舌的巨额财富。他一场比赛的出场费最高可达3000万美元，20年后，拳王的财富超过了4亿美元。但是他最终却陷入了经济危机，并在2004年申请破产。当时他的负债已经高达2700万美元，而这与他每月高达40万美元的生活费有密切关系。

年轻人要合理地存储财产，就要养成量入为出的习惯。摩根银行的调查显示：全球大部分富豪在过去20年都无法守住自己的巨额财富，"败家率"高达80％。这些富翁无法守住财产的原因，除了因为巨额的财富增加了管理难度之外，更重要的是他们缺乏合理存储财富的习惯。这些富翁仗着钱多，平时花钱也大手大脚，时间长了就养成习惯，要知道"由俭入奢易，由奢入俭难"，挥霍惯了就无法再让自己过简朴的生活，最终导致了破产。

年轻人不但要学会存钱，还要合理地安排和规划日常支出，增加自己的理财知识。试想一下，如果你突然失业了，短期内找不到工作，这样一来，你就会陷入经济危机，生活变得窘迫起来。因此，有一部分活期存款是很必要的，存款可在你发生突发事件时，缓解你的压力，解决你的危机。而且，一旦你为自己存下一笔钱，有了投资的本钱，在以后的生活中才能加速财富的积累。

年轻人有时会缺乏自律，一拿到工资就立马去消费，最后想存的时候就没钱了。所以，年轻人最好在拿到工资之后，先把要存的钱留出来。无论是选择保守的零存整取，还是积极地定期定额，长期下来都可以发挥积少成多的效果。

投资也需要有冒险精神

一次好的投资就是一个成功的契机。

——卡耐基

巴菲特曾经说过："一个人的价值，不在于你能够赚多少钱，而在于你如何投资理财，你要做的是让钱为你打工，而不是你无休止地为钱打工。"然而，投资是一项具有风险的事情，收获利益的同时，要要承担一定的风险，并且所或的利益与承担的风险是成正比的。年轻人要想学会投资，就必须知道往哪个方向努力可以能获利最多，而且要在你最擅长的行业投资。因此，不论你在什么情况下选择投资，都需要找准投资方向。

在美国，Zappos 是一个家喻户晓的购鞋网站，这家网站的鞋类品牌超过 1000 种，鞋子的款式超过 9 万种，而它的销量更是可观，全美国每 38 个人中就有一人在 Zappos 上买过鞋子或其他商品。2007 年，当国内网购还处在试水阶段时，Zappos 的营业额已经达到 8.4 亿美元，在美国的鞋类网络市场中占四分之一，被称为"卖鞋的亚马逊"。

Zappos 的创始人谢家华是一个传奇，他是美籍华裔商人。在他 25 岁那年，开始经营 Zappos。可由于这个网店在消费者中知名度不高，产品的销售并不乐观。为了改变这一局面，谢家华经过一番考虑后，做出了一个冒险的决定：凡是在 Zappos 买鞋的用户，都免费提供买一双送三双试穿的服务。顾客如果订购了 Zappos 公司的某款鞋子，公司就会寄出三双同款式的鞋子供试穿，等顾客选中其中一双后，再将另外两双鞋再退回，而且运费由 Zappos 承担。

在推出这项举措时，谢家华也曾遭到了反对，因为这个主意太冒险。但好在推出后得到了广大消费者的追捧。不过，虽然 Zappos 公司赢得消费者的赞美，但退货率高居不下，而顾客趁机留下另外两双试穿鞋的现象也不少。一时间，嘲笑、反对的声音此起彼伏，公司员工相继跳槽，但倔强的谢家华依然坚持了下来。

就在 Zappos 濒临倒闭的时候，订单开始快速增长，并实现了翻番。谢家华也因此收获了巨额财富，入选了全球最年轻的亿万富豪榜。

当记者采访谢家华为何敢冒险做出这个决定时，他回答说："我曾经统计过，一个人平均每年要买七双鞋，如果按 70 年来计算，那么就需要买四百九十双鞋子。用两双鞋的代价，换来一个顾客终生购买的机会，我想这值得一试。"谢家华的话让所有人恍然大悟，同时也被他敢于冒险的精神和独到的眼光所折服。

股市有句名言："众人去处必有路。"也就是说，如果你没有太大的把握，或者对股市不熟悉，那么最好的办法就是大家买什么，你就买什么。但这句名言也不完全正确。股市的行情变幻莫测，比如一只很被大家看好的股票，买的人自然就多，可大家一起去买，结果供求关系发生了转变，价格就上涨了，作为投资者肯定就会亏损。

影响股市的因素还有很多，因此，投资是需要年轻人有冒险精神的。要想学会投资，就要找准目标，在长期的实践中，摸索出自己的投资技巧和方法。不能照搬别人的投资方法，因为每个人的经济条件和思维都是不一样的。

年轻人投资还要认清你的投资方向，弄清楚自己是出于什么心理去投资的，是一时冲动的情绪化投资，还是理智型投资；是出于自己对市场的判断，还是在他人的推荐下投资……因为投资是有风险的。在花旗银行，关于投资风险的提示就有 10 多条，银行的客户经理会将每一条都如实告诉顾客，比如：你的本金有可能血本无归。

因此，年轻人要想经营好自己的财富，那么在投资时一定要意识到其中的风险，慎重策划自己的理财方案，慎重选择你的投资产品。马云曾说过："今天是残酷的，明天更残酷，但后天是美好的。可大多数人却死在了今天晚上，没有等到后天的太阳。"年轻人要从中得到启示：当你练就出长远的眼光，拥有比别人更胜一筹的胆识，并且坚定自己的目标，才能在高风险的投资中赚取到超额财富，为自己的人生锦上添花。

让节俭成为一种习惯

一勺勺积累的东西，不要用桶倒出去。

——卡耐基

犹太人对金钱有一句名言："金钱容易引发意外，任何人对待金钱都要谨慎，否则就要损失金钱。先要学会看管少数金钱，然后才可以管理更多金钱，这是最聪明的提防金钱损失的办法。"从这个角度来说，节俭是我们必须养成的习惯，因为只有懂得节俭的人，才能懂得金钱的作用和意义，自然才会赚取更多的金钱。在涉及理财知识之初，基本上每个人都做过储蓄，毕竟储蓄应该是理财的主要方式，也是投资资金的主要来源方式。

洛克菲勒小时候就对财富比较敏感，他渴望拥有财富。一天，他在报纸上看到一本关于发财秘诀的书。洛克菲勒第二天兴冲冲地跑到书店买了这本书，迫不及待打开书一看，发现整本书都在讲如何做到"勤俭"，根本没有任何关于发财的秘诀。

他失望地认为自己受骗了，可当他再一次翻开这本书认真读过一遍之后，才明白了书中的道理。于是，他开始努力地工作，并养成了节约的习惯，在努力赚钱的同时也不乱花一分钱。这样过了5年，他总算积存下来一笔存款。洛克菲勒将这笔钱用于经商投资，在经商的过程中他仍然保持精打细算的习惯。就这样经过30年的苦心经营，洛克菲勒的公司成为北美最大的三大财团之一。他也成为世界上第一位亿万富翁。

年轻人不要觉得一块两块的节约没有必要，这些小细节也许就是造成你"钱不知道花到哪"的原因。因此，你应该仔细思考一下自己目前的生活习惯，找到哪些支出是必要的，哪些支出是可以取消的，按照这个规则去花钱。这样一段时间以后，你就会发现原来自己是可以存下钱的。

有一次，比尔·盖茨和一位朋友前往一家五星级饭店开会，由于路上堵车，赶到酒店的时候已经迟到，以至于找不到普通车位。于是，盖茨的朋友建议他把车停放在饭店的贵宾车位上，但盖茨说："噢，这可不行，这要比平常多花费12美元。"盖茨的朋友急了，说"我来付"。但盖茨坚持道："不行，他们超值收费。"最终，由于盖茨固执的坚持，汽车最终没有停到贵宾车位上。

比尔·盖茨虽然"不差钱"，但他也不愿意花不必要的钱，这个故事充分说明盖茨的节俭习惯。因此，年轻人在对待金钱时，除了要"爱"之外，还要学会"惜"。除了懂得挣钱，还要懂得珍惜你已拥有的钱财，用比较流行的话说就是"开源节流"。

理财是建立在有投资的能力之上，这就需要年轻人既能"开源"，又能"节流"，否则你就无法积累起投资的本金，更谈不上让"钱生钱"。节俭能增加你的净资产，让你拥有属于自己的财富。年轻人不能"今天花明天的钱"，美国的次贷危机就是这么来的，超前消费会增加你的生活压力，让你成为金钱的奴隶。

"人无俭不立，家无俭不旺"，如果年轻人能养成节俭的生活习惯，就会把钱用到刀刃上，最大限度地为自己带来收益。有人曾计算过，如果年轻人每天只存十块钱，按照世界的标准利率来计算，八十年之后，他就能够成为百万富翁。也许年轻人会说，八十年的时间太长了，一般人也活不了那久。但是，换个方向想一下，如果每天储蓄二十元呢？这样就能明显缩短财富累积的时间，轻而易举地让你成为百万富翁，前提是你要做到节俭。

年轻人不要小看习惯的力量。德国哲学家席勒曾说过"习惯不是最好的仆人，就是最坏的主人"。所以，你应该要牢记，习惯是一切行动的因素，应该养成理财的好习惯，以提升自己的价值。那些曾经获得过成功的人，他们之所以会再次失败，很大程度上因为不良的消费习惯造成的。如果养成了节俭的习惯，年轻人就会对自己的消费有所限制，不会再铺张浪费。这样坚持下来，不仅能为你积累财富，还能让你养成自律的好性格。

跟富人学习理财技巧

如果说急速赚钱是"短跑",那么理财就是"马拉松",需要的是有计划、耐心和原则性。

——卡耐基

那些在事业上取得成功,赢得巨额财富的人,是所有年轻人追随的目标。但年轻人在羡慕对方之外,更应该学习富人的理财方式,学习他们对财富的管理方法,以成功的人物为典范,你才有可能成为跟他们一样的。其实那些财富排行榜上的富人也不是天生的,他们大都是白手起家,通过自己的努力才得到出人头地的机会。年轻人要想经营好自己的财富,就要学习富人的理财投资习惯,掌握一些投资方法。这仅仅是理财的第一步,要知道"钱是挣出来的,不是省出来的",如果只靠节俭积累财富,那不仅是相当漫长的过程,而且还会降低你的生活质量。那么要想赚取更多的钱,年轻人就必须要掌握一些理财技巧。

亚摩斯的父母去世时,只留给他和弟弟一家小便利店。简陋的店铺,清淡的生意,一年下来,即使是省吃俭用,收入也还是勉强只能糊口。兄弟两人不甘心一直过这种贫穷的生活,于是亚摩斯问弟弟:"为什么同样是经营便利店,有的人赚钱,有的人赔钱呢?"

亚摩斯回答:"也许,是有些人不懂得经营吧……"

"可是怎样才能把我们的店经营好呢?"这个问题没有答案,兄弟两陷入了沉思。

不一会儿,亚摩斯建议出去走走,看看别的地方的人是怎么经营便利店的。他们来到一家生意红火的便利店门口，发现店外放着一则广告："凡来本店购物的顾客，请将发票保存起来，年终可以凭发票免费购买发票款额 3% 的商品。"

兄弟两人刚开始没明白过来，这不是让自己亏本的生意嘛？可这家便利店看起来也不像是生意不好的样子呢。又看了几遍，亚摩斯和弟弟终于明白这家店生意兴隆的原因了。于是，他们立刻回到自家店里，在门口也做起了一个广告："本店从即日起，全部商品让利 3%，并且保证本店的商品的价格是全市最低价。如果买到了比我们价格还低的商品，可到本店找回差价，并领取奖励。"

他们借鉴了那家生意火爆的商店的办法，对顾客让利 3%，而且提出了全市最低价的承诺，自然能够吸引更多的顾客。不久，亚摩斯兄弟两就把父母留给他们的小店经营得有声有色，并且在全市发展了十几家店铺，他们的生意迅速扩张，成了当地的富豪。

商业经营要向那些成功的典范看齐，理财也是如此。年轻人若是能够站在富人堆里，学习他们理财的习惯，学习他们成功的技巧，你将能更好地经营自己的财富。其实理财不需要什么复杂的技巧，很多年轻人不想理财、不会理财，关键是自己心里没有理财的概念，总是以没有时间、没有专业知识等为借口而拒绝学习和掌握。每一个能够通过理财致富的人，只不过是养成了普通人不喜欢且无法做到的习惯而已。那么，从现在开始，年轻人开始学习一些富人的理财技巧吧！

众所周知，任何投资都是伴随着风险的，只是风险的大小不同罢了，然而，在对待风险的态度上，富人和普通人的观念就有一定的差别。比如在选择银行的理财产品时，普通人通常都会选择保守的投资，一年能收到 3%～5% 的回报就已经很满足了；但是富人往往会冒一些风险，去购买一定比例的股票型基金，这样得到的回报就会多一些。

投资是理财的一方面，在投资行业里，风险也就意味着机会，没有风险的投资也很难获利。未来是无法预测的，所以所有的投资都必然会伴随着或多或少的风险，因此年轻人为了避免自己的财产受到损失，就选择不去投资，宁愿把钱储蓄起来，这样的理财观念是无法为你带来更多利益的。年轻人在学习富人的理财方法时，不必刻意模仿，你要借鉴的是他们获得成功的心态和独到的眼光，在积累经验的过程中，养成适合自己的理财习惯。

第六课

珍惜，人生莫忘且行且珍惜

人的生命因为了有感情而变得丰富，年轻人在通往未知生命的路途中，别忘了珍惜那些曾经或当下让你感动的人或事。生活中，年轻人离不开亲情、友情，更需要爱情的滋润，但这些感情都很脆弱，它们都需要用心维护，用爱去浇灌，否则只会渐行渐远，慢慢地，就会失去这些你最需要的精神支柱。

假如生命中没有了情感，人生就会显得苍白而呆板，而没有悲欢离合的青春，就好比一碗无滋无味的浓汤，不会给人生留下任何记忆。做任何事情都需要技巧，维护感情也一样，年轻人要学会珍惜，学习与亲朋好友相处的秘诀，才能经营出一份真挚的感情。生命中因为充满了各种情感，我们才能体验到幸福和快乐，所以，年轻人要学会去呵护和珍惜生命中出现的感动，才能从中体会到爱的美好和生命的充实。

不可缺少的知心好友

凡是不关心别人的人，必会在有生之年遭受重大的困难，并且大大地伤害到其他人，也就是这种人导致了人类的种种错误。

——卡耐基

奥普拉·温弗瑞曾说："年轻人要和那些可以让你得到提高的人在一起。"其实这也是给年轻人交友的忠告。与这些人在一起可以让你变得更优秀，唯一的烦恼就是，有时他们的激励会使你产生自卑，甚至恼羞成怒。但年轻人要记住，如果他们的行为是真诚的，那么他们对你来说就是很好的榜样。他们会看见你好的一面，也会指出你的缺点，就像一群超级英雄，他们都具有不同的天赋和能力。年轻人的朋友圈也应这样，多交一些个性、特长不一样的人，与他们成为真正的朋友，可以帮助你拥有更广阔的视野。

人活着，就需要交际，而交际就离不开结交朋友。是的，每个年轻人都需要朋友，没有朋友的世界是黯然无光的，是单调的。每个人都是一座孤岛，每个人生来都是寂寞的，是孤独的，因此人的一生都在寻找适合自己的朋友。朋友也是可以"相濡以沫"互相帮助的，曾经一起共患难的朋友，他们之间的友情悠扬深厚，甚至能在紧急关头，帮你渡过难关。

伯顿是一位优秀的探险家，在他的探险生涯中，曾发生过一个让他终生难忘的故事。一次，他和朋友布莱克一起去沙漠探险，在回程的途中迷失了方向，两个人在荒芜的沙漠中漫无目的地走着。

这时的天气状况很差，干燥的风卷着沙粒，像刀子一样刮在他们的身上。如果他们不能尽快回到营地的话，即使不被饿死，也可能会被渴死。因为天气太过炎热，两个人携带的水壶里已经只剩下一点点水了。对他们来说，如此疲惫的身体，一口水甚至比一份牛排、一个面包还重要。但是他们无论如何都不能轻易喝掉水壶里的水，因为谁也不知道还需要多久才能回到营地。这时，伯顿因为体力不支和饥渴昏倒了。

布莱克看着怀中倒下的同伴，感到死神正在慢慢逼近，于是流下了近乎绝望的泪水。突然，一个念头闪过他的脑海，他果断地拿出水壶，把壶里仅剩的水小心翼翼地喂给伯顿喝，然后背着他继续前进。一路上，他把仅剩的水一小口、一小口地灌进伯顿的嘴中。当伯顿醒来时，他却因疲惫和饥渴倒下了。

伯顿明白了布莱克为他所做的一切，他被布莱克的行为感动，也为他们的之间的这份友情而感动。他义无反顾地背起布莱克继续前行。就这样，他们最终走回了营地。

在茫茫的沙漠里，两个人中如果有一个人存在一点儿私心，不能患难与共，那么两个人都不可能活下来。而他们坚持下来的唯一原因，就是他们之间的情谊和对他人的责任感以及友情。他们的人生是充实的，因为当岁月洗净尘埃，他们回忆起来的时候可以说：曾经，我们之间有过一分坚固的情谊。

年轻人在人生中，一定要交几个知心好友，因为真正的友情能让你的生活变得温暖、动人。友情是暖洋洋的金黄色，是绚丽的五彩缤纷，也是无色的、透明的，在不同的时候会绽放出不同的色彩。但无论它如何变化，不变的是，在你最艰难、最困顿的时候，友情可以帮助你走出人生的低谷。年轻人的人生若是缺少友谊，就像是一场盛大的宴席缺少美酒一样，美中不足。

年轻人的友谊，可以是倾诉的对象，也可以是亲密的战友，在你与命运搏斗时，能互相并肩作战。每个人在生活都会遭遇各种不幸，都会有失意的时候，而此时那些与你肝胆相照、患难与共的朋友则是你动力和能量的来源。这种真情是可贵的，也是无法用金钱来衡量的。

不能用金钱衡量朋友对你的付出

友谊是一种相互吸引的感情，因此它是可遇而不可求的。

——卡耐基

有一首歌是这样唱的："世间自有公道，付出总有回报，说到不如做到……"而亚里士多德则说过这样一句名言："是朋友，就无须公正，如果公正，就必然缺乏友谊，公正的最高形式是铁面无私。"这两句话很好地解释了朋友之间的情谊是无法公正地评判或用其他物质来衡量的。如果年轻人对友情的付出用金钱来统计回报，那你这份友情就会失去存在的意义，转而变成毫无人情味的利益投资。如果常怀这样的心态，年轻是无法获得真挚的友情的。

所以说，年轻人要懂得，朋友之间的付出，很大程度上并不是为了获得物质利益。你对友情的付出，是为了获得他人的认可、接近和相交，与对方成为朋友时你已经获得了所想要的，如果一直念念不忘物质的回报就会失去你所付出的意义。所以，朋友之间是不能用物质回报来计算的，不是"所有的付出都有回报"，不是你投资多少就能收回多少的，有时甚至你要用生命来捍卫友情。

很久以前，有一个为人仗义，喜欢广交天下豪杰的人，在江湖上很受人尊敬。但在他临终时却对儿子说："你别看我在江湖上能呼风唤雨，很是威风，我结交的人如过江之鲫般不计其数，但我终其一生，不过只交了一个半朋友。"

父亲这话让儿子纳闷不已，父亲为了解开他的疑惑，就在他耳边交代了一番，然后对他说："你按照我说的这个方法去见我的这一个半朋友吧，到时你自然就会明白什么是朋友。"

儿子先去了父亲所说的"一个朋友"那里，见到父亲的朋友后，儿子对他说明自己的身份，并告诉这"一个朋友"，自己犯了些事正被朝廷追捕，情急之中只好投奔他，希望他能够搭救自己。

这"一个朋友"听完后，不假思索赶紧叫来自己的儿子，喝令儿子将衣服脱下，换上了"朝廷钦犯"衣服。这时，年轻人才明白，所谓"朋友"，就是在你生死攸关之时，能和你肝胆相照，甚至不惜放弃自己的利益，用自己亲生骨肉进行搭救。这样的人才可以称作"一个朋友"。

儿子又去了父亲所说的"半个朋友"那，同样把自己被"追捕"的事情说了一遍。这"半个朋友"听了，对年轻人说："孩子，这等大事我无力帮忙，但我可以给你盘缠，让你远走高飞，并且我保证不会向官府告发……"

这时，年轻人才明白父亲所谓的"半个朋友"的含义，在你患难时刻，那个能够明哲保身、不落井下石加害于你的人，才可以算作你的"半个朋友"。

真正的朋友，能在你需要帮助之时，义无反顾地给予帮助，并不会在乎"友谊"到底值多少钱，哪怕会牺牲自己的性命、家产也在所不辞，这样的朋友是需要年轻人珍惜的。在现代这个经济社会，商人为获得利益，会投入资金、付出脑力和体力劳动；而农民为盈利，则付出劳动和汗水，保证庄稼能够获得丰收。他们只要付出，就要让自己收到回报，否则是不会付出行动的，但这个道理不适合于衡量友谊的价值。

一般情况下，人们付出的越多，也就越期望收到回报，如果没有达到期望，就会有失望的情绪，这也是人之常情，但对待友情却不能太计较付出与收获。从动物意义上来讲，所有的行为都是需要为前提而进行的。婴儿对他所能理解的事物，常常表现出令人惊讶的占有欲，其实那就正如同动物的生存本性，与道德品质无关系。当人脱离了动物本性，具有了社会性，就会需要友谊的存在，就会产生与家人、朋友分享的心理。

而对友谊的渴望，通常是超越付出与回报的。这时，你对别人的付出，最主要的目的是获得心灵上的安宁和幸福感，体验到这些感觉的时候，你就已经收获了自己的付出。

给好久不见的朋友打个电话

如果我们想法交朋友，就要先为别人做些事——那些需要花时间、体力、体贴、奉献才能做到的事。

——卡耐基

现代人的生活越来越忙碌，以至于每天除了上下班之外，几乎没有时间花在维护朋友之间的交情上。于是，生活圈子越来越小，心也慢慢地变得封闭起来。然而，在每个人的生命中，曾经出现过很多朋友，儿时的玩伴、学生时代的同桌以及那些在你生命中出现过的所有的朋友，他们无一例外的都在你的生活中留下了痕迹，有开心，有难过，有感动，也有快乐，都是值得珍惜的回忆。

也许年轻人认为，经营人生与旧时的朋友并无太大关系，曾经的朋友现在已经"各自散落在天涯"。但年轻人要明白，人生是需要感动的，能让内心感到温暖才能更好地享受生活。也许是因为生活和工作，或者情感的原因，那些曾经熟悉的朋友渐渐地走出你的视线，走到属于他的生活圈子，而与你失去了联系。但记忆是可以找回的，那些失散的友谊也可以重新出现在你生活，并继续带给你感动。俗话说"财富不是一辈子的朋友，朋友却是一辈子的财富"，那些有情有义的朋友，才是年轻的你最大的财富。

布鲁诺小时候家里很穷，从小他就生活在贫民窟，那些富人家的小孩能享受到的一切东西，在布鲁诺的记忆里从来没出现过。然而，他却不是最孤独，周围有很多小伙伴曾经热情地给予了他帮助。那时候，只要小伙伴们手里有两块糖果，肯定就会有他一块；小伙伴们拿到自家做好的蛋糕也会分他一半。在童年的记忆里，这是最珍贵的画面，这些珍贵的记忆也激励了他的成长。

等到长大了些的时候，布鲁诺就开始外出打工养活自己了。他走过许多地方，做过各种各样的工作，尝尽了人间的冷暖。但他的心中，一直装着儿时的友谊，装着那些让他感动的朋友们的友情。就这样，二十年过去了，他成为一个稳健、有魅力的富翁。于是，他想是时候衣锦还乡了。

在一个晴朗的日子，他驱车回到了阔别多年的家乡，走遍了镇上的每一家，感谢他们这些年来对自己的照顾。当天晚上，他在自家举办宴会，邀请了儿时的朋友。曾经的小屁孩如今都已经是中年人了。这天晚上，每一个赴宴的人都带来了礼物，布鲁诺知道，这是老友们的一片心意。

这时，布鲁诺的一个老友拎着一瓶酒，走进来说："抱歉，我来晚了。"布鲁诺立刻起身，热情地将他拉到身边。多年不见，朋友已经变得苍老，布鲁诺顿时心生感慨。他接过朋友的酒，给众人倒满。布鲁诺说："我们先来喝一杯酒吧，"说着，一饮而尽。

"味道怎么样?"朋友问。

布鲁诺喝到的并不是酒,而是水,于是一刹那间,他明白了这位朋友的处境:因为太穷,他买不起酒。布鲁诺沉吟了片刻,然后说:"这些年来,我走过很多地方,品尝过很多美酒。但是,今天的酒是最好喝的,因为它让我感动……"

布鲁诺是幸运的,他拥有世界上最珍贵的友情。儿时的朋友不因自己的贫穷而自卑,即使只能拎一瓶水也要去看看儿时的朋友;而事业成功的布鲁诺也不忘旧情,为朋友的情谊而大受感动,这才是最真挚的友情!

生活中,每个人都会怀念旧时的友情,生活中的拼搏让人筋疲力尽,而曾经的岁月正如普鲁斯特所说:"幸福的岁月是失去的岁月。"在那些时光中,有质朴、天真、善良的朋友,他们在你的记忆中占据着一块田地,让你能随时回忆起当时的感受。

然而,实际上很多人只是偶尔回忆一下,却不会想要寻找那些失去了联系的朋友。也许是因为这么多年来,各自都已经发生了巨大的变化;也许是因为朋友们现在已经发达,担心他们看不起自己……要知道,这些都不是理由。布鲁诺的旧友敢拎一瓶水去看他,而布鲁诺也能够理解其中的缘由,这告诉年轻人,在真挚的友情面前,所有世俗的理由都不是理由。

所以,如果你还会怀念旧日的时光,光想不做是没有用的。那么,给自己一个机会吧,去回首过去,回顾儿时所感受到的真诚和关怀!去联系旧时的朋友吧,给他们打一个电话,送去一声问候,也找回一份纯真的感动!

珍惜爱，就要大声说出来

成功人际交往的第一个秘诀是：真诚表达你的爱。

——卡耐基

年轻人在遇见自己喜欢的对象时，是否会想告诉他（她）说"我爱你"，但很多人却选择把这句话深藏在心间，始终不开口说出来。一句"我爱你"虽然只有短短几个字，但却是那么难以开口。其实年轻人要想经营好自己的爱情，就要懂得及时把心中的爱表达出来，爱一个人就要勇敢说出口，即使结果不如你想象的那般美好，但终究不会留下遗憾。

在人的一生中，有一种痛苦叫做错过，当你犹豫良久要去表达你对他的爱时，对方可能已经心有所属；在以后的日子里，你有可能再也不会与曾经喜欢的人相遇，如果你一直无法说出内心真正的感情，那就只能独自品味失去的痛苦。

班森和伯尼是一对要好的朋友，也是大学同学，更巧的是他们还同时爱上了一个女孩。两个人互相知道对方的心意，同时坠入爱河的班森和伯尼陷入了苦恼之中：向那个女孩表白又怕伤害朋友的感情；隐藏自己的爱意又无法承受爱的相思。最后，两个好友经过一番商量后决定做一次公平的竞争。两个人都先收起对女孩的爱意，去求学奋斗，谁先赚够一百万美元，谁就有资格去向女孩表白。

在立下誓言之后，班森毕业后毅然决然地开始创业，怀着对那份爱情的憧憬，他努力奋斗，终于在数年之后赚得了一百万美元。于是他立即赶最早的一班飞机，飞向与伯尼约定的地方。然而，当他找到伯尼时，才知道伯尼早与那位女孩结成佳人，伯尼并没有履行他们的约定，而是把赚钱的时间直接当做礼物送给了女孩。

班森的痛苦可想而知，他只有退到别人的爱情背后，默默地承受痛苦。无数个苦苦相思的夜晚，耗尽了他爱的能量，因为没有及时地表达自己的真心，他错失了与女孩相识相爱的机会。

伯尼的故事，也许在很多年轻人身上发生过。虽然我们为他感到惋惜，但是却没有理由去指责他的好友，毕竟，爱情从来都不是能公平竞争的。在现实生活中，有多少事情就这么浪费了，这么错过了。这实在是让人感到遗憾。年轻人的腼腆，有时会毁掉自己的姻缘。既然爱了，就要让对方知道，说出口，才对得起自己，才不会有遗憾，甚至才对得起对方。至于结果，那不是最重要的。

经历过，才知道感情的沉重；体验过失去，才知道爱情的珍贵。既然爱了，就勇敢地说出来吧，无论你是否善于表达，都要让你心爱的人知道，有一个人一直在默默地喜欢他（她）。古龙先生的小说《英雄无泪》中，蝶舞在临死前对朱猛说："我不明白你心里到底是怎样看我的？为什么你总是不让我看到你的心……"但她却再也没能等到答案。

人生无常，年轻人要学会珍惜，既然爱了，就要勇敢地说出来。否则你的一片真心有可能就要永远埋藏在心底，再也没有机会说出，在你的人生中留下遗憾和深深的叹息。年轻人要把自己的爱说出口，在很多时候也要讲究水到渠成。如果太过突然，对方有可能会难以接受。因此，在表达你的感情之前，首先要确定双方的关系，是否已经到了可以说爱的地步，是否已经有了一种默契。

等时机成熟时，一切自然就顺理成章、水到渠成，收获一段美好的回忆；但如果时机未到，就不要急于求成，不妨先去做一些对方喜欢的事，如郊游、野餐、看电影等，当双方的关系有了进一步的发展之后，再做考虑。在真情告白的时候，年轻人还可以选择一些特别的节日，如生日、周末等，找一个环境优雅的场合，才能更好地诉说你的爱意。

孝顺是最宝贵的感情

老年人犹如历史和戏剧，可供我们生活的参考。

——卡耐基

在我们的生命中，会出现很多值得珍惜的感情，比如儿时的友谊，第一次让你心动的爱情，甚至是路人出手相助时的感激等等，这些都是最宝贵的感情。然而，有一种情感是无法替代的，它就像世间最温暖的阳光，能照进你心灵最潮湿的角落，那就是亲情。

年轻人总觉得来日方长，等以后有时间了再孝敬父母，于是在不知不觉中错过了许多孝敬父母的时光。台湾作家刘墉在《忍着不死》这篇文章中，讲述了三个关于亲情的故事。如今生存的压力太大，年轻人为了能早日做出一番事业，经常在外面辛苦奔波，而几乎每一个善良的年轻人，都会在心底为父母许下"孝"的宏愿，相信水到渠成，相信自己总会有功成名就的那一天，那时方可从容尽孝。

凯强大学毕业，离开家乡到繁华的都市打拼。由于父母身体不好，身为长子的他，每个月都保持一个雷打不动的习惯——回老家看望父母。那时，没有高铁，没有动车，只能坐最破旧的绿皮火车。第一次回家时，母亲对凯强说："孩子，把你的车票留给我吧！"

凯强有些纳闷，他不知道母亲为什么要收集这些用过的车票，但还是把车票给了母亲。以后每次回家，母亲总是会让凯强留下当天的车票。再后来，凯强恋爱了，结婚生子，自己的事业也越做越大，只能每两个月回家一次。

再后来，他有了自己的公司，工作更忙了，有时甚至半年才回家一次。后来，凯强买了一辆车，再也不必挤火车了，也没有车票留给母亲。慢慢地，因为事业的关系，他几乎不再回家了。

一晃三年过去了，一天晚上凯强接到了家里来的电话，弟弟告诉他，母亲突然脑溢血发作，生命垂危，让他尽快赶回家。经过几个小时的颠簸，凯强终于及时赶到了家，见了母亲最后一面。看着母亲苍老的面容，他突然发现母亲是那样的憔悴。第二天，母亲就去世了。

在替母亲整理遗物的时候，从那只破旧的樟木箱子中，翻出一本中学课本。他翻开一看，书里竟然整齐地夹看一叠车票——那是他以前每次回家时母亲留下的车票。

凯强的眼泪奔涌而出。他突然觉得好后悔，为什么母亲身体健康的时候不多回几趟家，多陪陪母亲呢？他突然想起，这么多年来，母亲从未去过城里，在他那宽敞的新房里住过一天……

那年春节晚会上，陈红的《常回家看看》风靡大街小巷，"常回家看看"也成了一句流行词，但是又有多少年轻人能从中体验到父母的心声。年轻人为了自己的远大前程，义无反顾地奔走在陌生的城市，即使和父母住在同一个城市，仅仅离父母几小时的车程，但总是因为事情太多，无法抽出时间回家看看。虽然总是对自己说"该回家看看"，但永远只是一句无法兑现的诺言。

年轻人总是忘了父母会逐渐衰老，忘了时间有多么残酷，忘记了对父母的孝顺是无法等待的。"树欲静而风不止，子欲养而亲不待"，人世间最大的痛苦莫过于此。有些事年轻人无法懂得，但当你变得成熟的时候，却已经无法弥补，只会留给你无限的遗憾和懊恼。

父母对子女的恩情是无法报答的，因此年轻人不要总认为以后会有时间好好孝敬父母，可是等到到父母"风烛残年"时你还能够给父母多少亨乐的机会呢？所以，尽孝就要趁年轻，别等时间带走了父母的健康，才开始学会感恩。

其实孝顺父母并不需要多少物质上的回报，只要你有一份孝心，能"常回家看看"便是给父母最大的安慰。哪怕是一个电话、一声问候，在他们的心里都是无价的！

爱情需要夸奖才能更美

赞扬是一种精明、隐秘和巧妙的奉承，它从不同的方面满足给予赞扬和得到赞扬的人们。

——卡耐基

在一段爱情刚刚开始的时候，恋爱中的双方都会很仔细地观察对方为自己所做的一切，并加以赞美，哪怕是一件非常细微的小事，也能从中品位到幸福的滋味。因此，恋爱中的年轻人总是神采飞扬。然而随着时间的推移，恋人之间渐渐熟悉了对方，原来充满爱意的举动就变得司空见惯了，赞扬和夸奖也变得越来越少，甚至成了一种奢侈。

年轻人认为，恋人之间可以不分彼此，既然是一家人应该实实在在，想说什么就说什么，没必要拐弯抹角，说些肉麻的赞美之类的话，那是多此一举而已。其实，任何人都需要被夸奖，这是人类的一种正常心理需要，尤其是当一段感情持续太久，就更需要赞美和夸奖来增加新鲜度。

很久以前，有一个县太爷非常喜欢吃鸭子，他的夫人就每天晚上都用鸭子变着花样给这位县太爷做饭。刚开始的时候，县太爷还经常夸奖夫人的饭菜做得好吃，但是相处久了，渐渐地县太爷就省略了对夫人的夸奖。

一天晚上，夫人为县太爷做了一道酱香板鸭，可县太爷看了看板鸭，疑惑地跟夫人说："为什么别人家的鸭子都是两条腿，而我们家的鸭子都只有一条腿呢？"

这位夫人是个特别聪慧的女人，她温柔地回答说："老爷啊，你不知道吗？咱家的鸭子一直都是一条腿的，不信你可以去看看。"

县太爷觉得奇怪，就跑到鸭舍去看，发现鸭子们正在睡觉，而且真的都是单脚站着的。他恍然大悟地说："哦，原来是这样啊！"然后他立刻鼓了几下掌，鸭子们被惊吓醒了，伸出另一只腿就跑开了。

县太爷得意洋洋地说："你看，现在两条腿了吧！"夫人笑呵呵地说："老爷，你看，鸭子都需要你鼓掌才能是两条腿，您也应该多给我一些赞美和鼓励，我们的感情才能更好啊！"

县太爷顿时醒悟过来，原来是妻子变着花样提醒自己，要多关心妻子，多给予一些赞美，妻子就会为这个家心甘情愿地做更多的事情，才会变得贤惠，家庭也才能感到温馨。

感情的需求是双方的，人人都渴望自己得到他人的认可，而家庭是最能给人温馨感的，如果能一直得到另一半的认可，就会产生跟多的动力，让爱情变得更美好。年轻人经营爱情的秘诀其实很简单，就是多给对方赞美。

在人类五花八门的心理需要中，被他人尊重和表现自己是最重要的两种需要。一个心理健全的人，在受到他人重视和尊敬时，就会产生满足感、幸福感，恋人之间也是如此。当你在夸奖另一半时，受益的不仅是你的爱人，还包括家中其他成员。这也是让普通的家庭生活保持新鲜感和满足感的一种方法。

恋人在一起生活久了，自然就会暴露出各自的缺点。但如果仅仅因为对方的缺点而抹杀一切对方的优点，不给予任何赞美和认可，这样的人是不懂得体贴。因为爱情是要两个人共同生活，善于发现对方优点的人，就会少看他的缺点，生活中也才会多一些温馨和宽容。

年轻人总是把爱情想象得太过美好，一旦一份感情出现一些小瑕疵，就会冲动放弃。其实，爱情跟人生一样，都是需要经营的。你要知道，每个人都有自己的优点，也同时有各种缺点，而恋人间之所以会出现的争吵，就是太挑剔对方的错误，缺乏对对方的鼓励和赞美。人都有逆反心理，当你的指责让对方处于低落的情绪中，自然会产生逆反心理，和你对着干。因此，年轻人若是能够把挑剔换成欣赏的眼光，把责备换成赞美，那么，你就能收获一份值得你珍惜并带给你幸福的爱情。

别放弃与有缺点的人做朋友

加莱尔说："一个伟大人物显示他的伟大，在于他怎样对待卑小的人。"

——卡耐基

年轻人在与人交往时，会不自觉地想要让自己看起来更完美无缺，总想把最好的一面展现在对方眼前，而本能地隐藏自己的缺点。然而，心理专家告诉我们：适当的暴露自己的缺点，能让年轻人在交往中更自信，更能赢得别人的信任和好感，因为那让你看起来显得更真实。著名的维纳斯雕像，正是因为残缺才变得举世无双，因此年轻人不必太在乎自己的缺点，只要你有面对缺点的勇气，懂得纠正自己的缺点，从而使自己不断进步，不断完善，就能在人生的旅途中走得更顺畅。

年轻人在交朋友的时候，倾向于接近那些优秀到近乎完美的人，其实这样反而会打击自己的信心，增加自己的挫败感。年轻人要学会正视自己的缺点，同时也要正视别人的缺点。年轻人要明白，缺点也是每个人的一部分，"人无完人"，虽然美好的东西人人都爱，但也不能脱离现实。

有一个农夫每天都要到河边挑水，时间长了，其中的一只水桶就出现了一条裂缝。可是农夫是一个很乐观的人，他也不在乎破桶漏水，依然每天快乐地从河边挑水。每次回到家后，完整的桶总是能将满满一桶水从河边送回家里，但是有裂缝的桶每次却只能为农夫剩下半桶水。

两年来，农夫就这样每天挑一桶半的水回到家里。那个完整的桶对自己的完整感到很自豪，而破桶则对于自己的缺陷感到非常羞愧，它为只能给农夫留下半桶水而感到非常难过。终于有一天，它忍不住对农夫说："我很惭愧，必须向你道歉。"

农夫说："你为什么觉得惭愧？"

破桶说："过去的几年，因为我的不完整，只能送回半桶水，我的缺陷，白白浪费了你一半的努力。"

农夫听了破桶的话，依然愉快地说："请你忘记自己的缺陷，多看看我们每天来回都要经过的那条路上的野花。"

果不其然，当他们再次走在回家的路上，破桶发现迎接它们的，是路边开满的灿烂花朵。沐浴在温暖的阳光之下，这景象使破桶开心了很多。但是，走到小路的尽头，它又难受了，因为水又漏掉了一半！

破桶再次向农夫道歉。农夫说："不必在意，你有没有注意到小路两旁，只有你的那一边有花，而那个完整的桶那一边却没有一朵花呢？"

"我明白你的缺点，因此善加利用，在你那边的路旁撒了花种。这样每次我从河边挑水回来，你就能替我浇花！"

"这些花朵装饰了我身边的风景，我很开心！如果不是因为你的特点，我的餐桌上也不会有那么好看的鲜花了！缺点是谁都有的，只是看你能不能加以利用而已。"

农夫是明智的，是有智慧的，他从破桶的身上看到了长处，而不是一味地嫌弃它。生活中，年轻人也应该学习农夫的智慧，勇于正视和包容他人的缺点，并在缺点中发现可以学习和可取之处，这不仅是具有勇气的表现，更体现了年轻人的智慧。在遭遇失败时，如果能够勇敢地承担责任并理智地评价自己的缺点，这才是真正的智者。生活中，人的缺点是普遍存在的，但却不是唯一存在的。因此年轻人不要太在意别人的缺点，从而拒绝与人交朋友，要知道，善于发现缺点，才能及时改进，从而迈向人生的新台阶。

其实缺点有时候也会变成优点，年轻人只要换一个角度去看，就会有更多新的发现。很多时候，同样的状况，当你学会换一个角度去看时，就会产生不同的心态，就像那只破桶，他的缺点带来了满路的芬芳，又何尝不是一种优点呢？罗曼·罗兰曾经说过："友谊是毕生难觅的一笔珍贵财富。"尤其是在讲究效益的今天，能拥有同甘共苦的知己非常不容易，那么，如果年轻人想拥有真实的朋友，就要懂得打开自己，用自己真实的一面对待他人。要做到不因为对方的缺点而拒人千里之外，也不因对方的长处趋炎附势，要用健康的心态经营友谊，这样你才能有所收获。

生气只会毁坏自己的心情

不会生气的人是愚者，不生气的人乃真正的智者。

——卡耐基

人们对生活抱有的美好期待常常体现在口头上，因此逢年过节的时候总是会说一些祝福的话语，但"万事如意"、"笑口常开"毕竟只是愿望，而实现愿望是需要付出努力的。在烦琐的日常生活中，年轻人的生活不可能绝对地事事顺心，时常会发生一些让自己生气的事情，这时候就需要年轻人管理好自己的情绪，别让生气毁坏了自己的心情。

生活永远不能如一潭清水，人生也不会事事如意，年轻人的情绪出现波动也是很自然的事情，但千万不能因为这些情绪上的反应影响到生活。年轻人遇到不顺心的事非常容易火冒三丈，大动干戈，这样非但不利于解决问题，反而会伤了自己和他人的感情，导致自己的人际关系变得僵硬，使原本糟糕的心情更雪上加霜。与此同时，生气时所引发的不良情绪还会损害年轻人的身心健康，正如德国学者康德说的：生气是拿别人的错误来惩罚自己。

有一个年轻人，因为心胸狭窄，常常为了一些小事生气。他自己也认识到这样不好，便去求一位智者点拨自己。智者听了他的讲述，什么也没说，将年轻人带到一间屋子里，锁上门就离开了。

年轻人被智者的行动激怒，暴跳如雷、破口大骂。

骂了许久，智者也不理会。

年轻人又开始哀求，智者仍听而不闻。

许久，年轻人终于安静下来了。

这时，智者来到门外，问他："您还在生气吗？"

年轻人说："我是生气自己为什么要来这里自寻烦恼。"

"连自己都不原谅的人，怎能值得别人原谅呢？"智者说完拂袖而去。

又过了一会儿，智者折回来又问："您还在生气吗？"

"已经不生气了。"年轻人说。

"为什么？"智者问。

"无论我如何生气，你也不会放我出去，所以我就不生气了。"年轻人答道。

"看来你还是生气，只是全部积压在心里了。"于是智者又离开了。

当智者再次来到门前时，

年轻人告诉他："我真的不生气了，因为实在不值得生气。"

"既然你还计较值得不值得，说明你心中仍有余气。"

"大师，到底什么是气？"智者什么话也没说，只是将手中的清茶洒了一地。

年轻人看了很久，言谢而去。

为何要气？气是别人吐出的，而你却接到口里，吞下则反胃，不看它时，它便消散。何苦用别人的过错来惩罚自己。

生活有很多幸福和快乐的事物，何必把时间浪费在生气上呢？那些让人烦恼和生气的人，本就不应该在他们身上倾注精力。现在很多年轻人未到中年却已经略显老态；正值青春却已满脸倦容。这不是因为他们经历了太多苦难或困难，而是因为生气所致的。

生气好像一把铁锤，会在年轻人的面孔上凿出无情的皱纹，而烦恼不但会使你的容貌衰老，还会使你的心灵提前衰老。医治烦恼没有什么良药，最好的药方就是自己的思想。年轻人要正视现实，做到不生气，学会对那些激怒你的人一笑而过，学会正确发泄自己的怒火。

心理专家提出，适当的表达、发泄坏情绪是有益的。过分压制自己的情绪则会让自己承受太多的压力。发泄愤怒的情绪可以释放多余的荷尔蒙和肾上腺素，这两种物质恰好是增加人的攻击性的。因此，年轻人要学会正确发泄坏情绪的方法，别让生气影响了你的人际关系，影响你的形象。

年轻人要知道，心情不是人生的全部，却能左右你的生活状态。心情好，什么都好，心情不好，一切都乱套。有时候你不是输给了别人，而是受坏心情的影响贬低了自己的形象，降低了你的处世能力。当你被生气扰乱了思维时，你就输给了自己。因此，年轻人要学会控制心情，用好的心态塑造好的心情，让好心情塑造最出色的你。

爱情经不起无休止的争吵

如果你辩论、争强、反对，你或许有时获得胜利；但这种胜利是空洞的，因为你永远得不到对方的好感了。

——卡耐基

生活中，吵架几乎是不可避免的事情，年轻人会跟父母吵架，跟同事吵架，甚至还会跟素不相识的人因为一些鸡毛蒜皮的事情吵架，当然，也会跟自己最亲密的人吵架。俗话说："舌头和牙齿也有碰撞的时候。"更何况朝夕相处的两个人。虽然吵架是很常见的事情，但是情侣之间吵架的次数多了，就会感到疲惫，就会使双方的感情受到伤害。

布莱恩和多琳是一对刚结婚不久的夫妻，可他们刚度完蜜月，夫妻俩就开始频繁吵架。每次吵架时双方都声嘶力竭地说一些伤害对方的话，布莱恩则每次都会冲多琳大声吼："我恨你！"

多琳听了这话则伤心不已，气恼地更大声地回敬道："我也恨你!"结果，每次布莱恩都会摔门而去，留下多琳独自伤心。

后来，多琳有时也会率先吼出"我恨你!"，然后摔门而去，布莱恩马上朝着多琳离去的身影喊："我也恨你!"虽然他们彼此相爱，但这样一次次的争吵还是严重地伤害了感情，让他们走到了婚姻破裂的边缘。

所幸他们的邻居伊莉莎白是一个热情的女人，多琳常常找她倾诉心中的郁闷，当她讲述跟布莱恩吵架的时候，伤心地说：其实她不是因为吵架而受伤，而是布莱恩每次都说的那句"我恨你。"

伊莉莎白就劝她，她说既然这句话伤害了你，而你和布莱恩又都想解决问题，那么你们能不能把这句话改成'我爱你'呢?"

多琳觉得这个主意不错，于是回家跟布莱恩商量了一番，夫妻俩都同意试试。没几天，因为一点小事，两个人又吵了起来。吵到后来，布莱恩愤怒地想喊出"我恨你"，这时他想起了伊丽莎白的话，犹豫了一下，大声吼道："我，我爱你!"

多琳听了愣在那里。随之她马上也想起了伊丽莎白给他们出的主意，便意识到他实际上是想说"我恨你"，所以多琳也怒气冲冲地高声回敬道："我也爱你!"

但这一次他们谁都没有摔门而去，而是你看看我，我看看你，都有点尴尬。虽然依旧是怒火冲天，但"我爱你"三个字还是有着某种魔力，把他们的怒气浇灭了不少，让他们意识到他们彼此的确是相爱的。再后来，布莱恩和多琳之间吵架的次数越来越少，有时刚出现吵架的苗头，布莱恩就率先喊出"我爱你!"这架就吵不起来了。

人愤怒的时候智商为零，这句话一点也不假。吵架让人失去理智，被愤怒所控制，因而总是说出一些让人伤心的话。那么年轻人如果在吵架时，能保持适当的沉默或妥协，或者像故事中的那对夫妻，把伤害对方的话变成一句"我爱你"，也许就能熄灭你的怒火。当然，这种退让并不是软弱的表现，而是体现了你的大度与爱，能保护彼此的爱情，这才是理性的选择。卡耐基曾说："别与顾客、配偶或敌人发生冲突。别指责他人的错误，别惹他们动怒，如果非得与人发生对立，也得运用一点技巧。"那么年轻人在与恋人吵架时也要掌握一定的分寸，别因为吵架伤害了感情。

瑞典的一项研究表明，最容易引起争吵的时间是早晨临出门前的几分钟，以及下班刚到家的几分钟。这是人最疲惫的时刻，一点小摩擦就能引起矛盾。所以，年轻人要避开在这两个点发生矛盾，即使有不满也要理智地控制自己，别激化矛盾。

年轻人要知道，恶毒的语言就像杀人不见血的刀子。所以吵架时，不要只图一时嘴快或心理舒服，就说狠话，挖苦、侮辱对方，这样就如同火上浇油，瞬间就会燃起"熊熊烈火"。当双方发生争吵时，有时会觉得只用言语攻击对方不能解心头之恨，于是就开始动手，尤其是男生。"君子动口不手"，用暴力解决问题是最愚蠢的方法。吵架时动手不仅会使身体受到伤害，内心更会受到打击，因此，吵架时动手是毁灭感情的"最佳工具"。

恋人之间吵架的原因有很多，比如互相不理解、不信任、缺少包容和欺骗等等。这些都是引发争吵的导火线，无论哪一种吵架，结局都是差不多的，都会破坏感情，甚至导致分手。吵架也分情况，有的吵架是恋人之间的另一种沟通，偶尔吵架是一种交流的方式。的确，"良性"吵架不会影响爱情的本质，但若常常因为鸡毛蒜皮的小事就与另一半发生争吵，并且说一些伤害对方的话，这样的结局就不美妙了。

感恩是最美的心态

不要因为别人的忘恩负义而悲伤，要平静地对待你的遭遇。要记住，找到快乐的唯一方法，就是对人施恩勿望回报，只为施惠的快乐而施惠。

——卡耐基

年轻人想要获得成功，就必须要付出自己的努力，但除了努力之外，还有一个原因促使你收获成功，那就是别人对你的帮助。一旦你为自己选择了明确的目标，并付出行动之后，你就会发现，原来在不经意间你受到了很多意料之外的帮助。因此，年轻人要学会保持一颗感恩的心，感谢那些曾经帮助过你、支持过你的人。

"感恩"是一种深刻的情感，它能够增强你的魅力，为你打开幸运之门，帮你发掘出无穷的智慧。感恩更是一种生活的态度，年轻人要做到真诚地感激别人，感谢一切美好的事物。懂得感恩的人是善良的，是更懂得珍惜生命的，感恩也是年轻人经营美好人生的秘诀。

美国前总统罗斯福有一次家里遭遇了小偷，不仅损失了钱财，还丢失一些珍贵的东西。他的一位好友听说这件事后忙写信安慰他，劝他不要为丢失的东西伤心。谁知罗斯福不但没有难过，还愉快地给朋友回了信说："感谢你的来信，我现在很好，一点也不难过。而且我还很庆幸，那个盗贼偷去的只是我的一部分东西，而不是全部家家产，而且他偷走的只是我的钱财，而不是我的性命。"

对于任何人来说，遭遇小偷肯定不是一件值得庆幸的事，起码会为失去的钱财难过一阵子。然而，罗斯福却一点都没有伤心，而且能从不幸中找到感恩的理由，这一点是需要年轻人学习的。年轻人除了要保持一颗感恩的心之外，还要懂得回报，懂得对那些曾经帮助过自己的人心存感激。将感恩付诸行动，就是在他人需要帮助的时候出手援助，这样年轻人才能让自己的生活中充满温暖。

当然，不是每一个人都能做出一番惊天动的成就，那些轰轰烈烈的成绩只是一小部分人的作为，更多的都是平凡的人，过着平淡的生活，但只要你能够懂得珍爱生命，热爱大自然，享受生活，并在享受中懂得感恩和珍惜，你的人生就已经很完美。

一只小松鼠不小心掉进了一只装满水的大木桶，无论它怎么挣扎都毫无用处，根本爬不出去。松鼠很悲伤，他发出凄惨的哀鸣，可是却没有谁能听见。可怜的松鼠心想，也许这就是的我宿命。正在绝望的时候，一只大象从桶边经过，听到了小松鼠的呼救声，于是就用鼻子把它救了出来。

小松鼠对大象说；谢谢你的救命之恩，我希望能报答你。

"你只是一小松鼠而已，我并不认为你能帮到我。"大象说。

没过多久，一天晚上，大象在丛林中不幸掉进猎人的陷阱。猎人们用绳子把大象捆了起来，准备天亮后运走，大象痛苦地躺在地上，无论它怎样挣扎也无法扯断绳子。

这时，小松鼠出现在大象的面前。它开始用力地咬绳子，终于在天亮前咬断了捆大象的绳子，大象在小松鼠的帮助下获得了自由。

小松鼠知恩图报，救了大象一命，哪怕大象曾经对它不屑一顾。那么，年轻人学会感恩吧，让感恩充实你的生活；让感恩净化着你的心灵；懂得珍惜，心存感恩的年轻人会活得更加精彩，更加动人！任何时候都保持一份感恩的心，你才能经营出一个幸福的人生。

生命是一个充满变幻的过程，任何人都不会一辈子顺风顺水，而是会遇到许多坎坷和困难，体验很多忧虑和烦恼。那些幸福美满都只是一时的，就好比"人有悲欢离合，月有阴晴圆缺"。年轻人要做的就是在这些挫折中不断成长，不断发现，时刻保持一颗感恩的心，珍惜你所拥有的一切，让他们不再那么容易失去。

诚信能让友谊保持新鲜

没有彼此的敬重，友谊是不可能有的。

——卡耐基

朋友之间也需要诚信，诚信待人是一种习惯，也是年轻人品质的体现。年轻人与人相交要有诚信，但不能让别人也以真诚的态度来回报自己。如果你认为，自己付出了多少就要得到别人多少回报，这本身就是不正确的。朋友之间的诚信就像晶莹剔透的水晶，它不含有任何杂质。真诚待人有时会让你的利益受到损害，但却能让你的心灵获得宁静。真诚不需要到处与人述说，如果对方理解你的诚意，即使不说对方也会懂；如果对方不理解你的真诚，刻意的解释反而会把事情弄得更糟。

在茫茫人海中，人和人相遇是要靠缘份的，而与人相处则要有诚意。年轻人要学会珍惜与朋友之间的情谊，这样才能让自己拥有一份牢固的友情，在你疲惫时，在你需要帮助时，为你遮风挡雨，让你体验到生活的美好。古代人与朋友相处特别强调诚信。在启蒙读物《幼学琼林》中提到"心志相孚为莫逆，老幼相交曰忘年"就是说真诚是建立友情的源泉。

东汉时，汝南郡的张劭和山阳郡范式同在京城洛阳读书，当学业结束分手时，张劭站在路口，望着南飞的大雁说："今日一别，不知何年才能见面……"说着情不自禁地流下泪来。范式忙拉着他的手，劝说道："兄弟，不要悲伤，两年后的秋天，我一定去你家拜望老人，那时我们依然可以再相聚。"

两年后的秋天，一日张劭闲来无事，在房前赏景。忽然听到天空中传来一声雁鸣，勾起了他的回忆，于是他赶紧回到屋里对母亲说："刚才我听到长空雁叫，范式快来了，我们准备迎接他吧！"他母亲不相信，摇头叹息："傻孩子，山阳郡离这里一千多里路啊！他怎会来呢？"张劭却固执地说："范式为人正直、诚恳、极守信用，不会不来。"母亲只好说："好好，他会来，我去做点酒。"其实，老人并不相信，只是怕儿子伤心，所以不想反驳他而已。

然而，范式却在约定的日子千里迢迢地赶来了。张劭非常高兴，旧友重逢，异常亲热。而张劭的母亲则感动地站在一旁直抹眼泪，感叹地说："天下真有这么讲信用的朋友！"从此，范式重信守诺的故事就成为后人传颂的佳话。

"人无信而不立"是许多成功者遵循的名言，诚信也是年轻人的无形资产。然而在现实生活中，"信"成了一个珍稀词汇。人与人之间爆发了信任危机，替而代之的是猜忌、怀疑，张劭和范式故事成为了传奇，"信守承诺"也成了一句空谈。

人们常说的"君子一言，驷马难追"，其实就是告诉年轻人做人要有信誉。一个没有信誉的人，是无法获得朋友的信赖，无法获得真正的友情的。现在的企业、公司都流行做广告做宣传，树立公司形象，其目的就是想赢得大众的信任，提高企业的信誉度。当一个企业在大众心里树立起了良好的信誉度时，才能得到大家的认可，从而为产品打开销路。年轻人与人相处其实也一样，要有诚信，才能赢得大家的尊重和信任。

顾炎武曾说："生来一诺比黄金，那肯风尘负此心。"这两句诗表达了自己坚守信用的处世态度。年轻人在与人相处时做到讲信用、守信义，不仅能体现你对人的尊敬，也是尊重自己的表现。在社交中，能主动对朋友伸出援手的精神是可贵的，但办事要量力而行，不要言过其实，说话要掌握分寸。因为诺言是否能兑现不是只要你努力就能办到的，而是受客观条件影响的。一件原本轻而易举可以办到的事，由于客观条件发生了变化，一时又办不到，这种情况是时常发生的，这就要求年轻人不要轻率地对朋友许诺，否者就会影响自己的诚信，给别人留下"夸夸其谈"的印象。

快乐要懂得分享

好咖啡要和朋友一起品尝，好机会也要和朋友一起分享。

——卡耐基

生活需要朋友、伴侣，你的快乐和痛苦都需要有人分享、分担。没有人参与你的人生，无论你面对的是快乐还是痛苦，都只能一个人默默承担，这样的人生是悲哀的。如果能够与朋友分享，你的快乐就会加倍，如果能与朋友分担，你的痛苦会减少。年轻人要懂得分享，因为分享会让你享受到更多生活的快乐。

在生活中，无论痛苦还是快乐，懂得经营人生的年轻人都会与朋友分享。我们生活在十几亿的社会大家庭中，在这个大家庭中每个人都不是独立的，都需要互帮互助，没有人能够脱离群体，独自生活。而在生活中总是有许多事情，有快乐，也有悲伤，有心有灵犀的瞬间，也有太多太多的不融洽。在生活的过程中，我们需要学会分享，因为它可以使你获得人生最大的快乐。

在一个寒冷的冬日，一对老年夫妻走进一家餐厅。那位老先生径直走到点餐台前点餐，他要了汉堡、披萨还有一些饮料。然后，老先生托着托盘回到自己的座位，他把食物都平均分成两份，一份放在自己面前，一份给了妻子。然后，老先生将吸管放进饮料杯内，把杯子递给妻子，这位老妇人开始喝饮料。

这时，老先生却直接拿起自己的汉堡开始吃，而他的妻子就在旁边看着。餐厅里的人忍不住轻声议论起来，他们认为那对老夫妇也许是太贫穷了，只能够买一份食物两人分着吃。就当老先生正准备要开始吃披萨的时候，餐厅里一为顾客径直走了过来，很有礼貌地对他们说，他愿意为他们再买一份午餐。然而老先生却委婉地拒绝了，他说，他们这样就够了。

餐厅里很多人都被这对夫妇奇怪的行为吸引了，大家都在默默地观看他们用餐。那位老先生丝毫不被餐厅里异样的眼神打扰，他镇定地用餐，可那位老妇人却一口都没有吃，只是静静地等看着丈夫，偶尔喝一口饮料。

过了一会儿，老先生吃完了，他满足地擦了擦嘴，把剩下的食物放到老妇人跟前。这时那位年轻人再次走到餐桌前，提议帮他们买点吃的，结果这次却遭到了老妇人的拒绝。年轻人好奇地问："那么，您为什么不吃东西呢？为什么要干巴巴地看您丈夫用餐？"

老妇人笑了："孩子，我们曾经历过一段艰苦的时光，在食物匮乏的情况下，我们靠着分享同一份食物走过了人生的低谷。我们分享食物，其实是为了提醒自己，不要忘了与对方分享内心的快乐和悲伤。"

人是社会性动物，生来就不能离群索居，需要与人分享自己的心情、感受。没有独享的快乐与幸福，因为那绝不是一个人能够独立完成的事。法国诗人普吕多姆写道："幸福是你感受到的，而不是你得到的。"而分享，就是感受幸福的开始，分享是年轻人获得快乐的根源，只有学会了分享，才能真正地体会出快乐的存在，与他人分享快乐的过程，就是放大你所得到的快乐的过程。

分享是一种状态，是一个过程，当你与他人沟通时，你的心胸会变得更加广阔，你的生命也会具有更深刻的意义。伟大的戏剧家萧伯纳曾说过："倘若你有一个苹果，我也有一个，而我们彼此交换苹果，那么，你和我仍然是各有一个苹果。但是，倘若你有一个想法，我也有一个想法，而我们彼此交流分享各自的思想。那么，我们每人都将获得更多的思想。"快乐就犹如思想，不会因为分享而减少，反而会增长。年轻人收获快乐的秘诀，就是与你的好友、家人分享你的心情。你会因此而获得支持和鼓励，这是成功的前提。

事实上，一个感觉到自己很幸福的人，是很容易传播快乐的。当你在工作和生活中，与他人一起互相帮助、互相体谅，自然就能营造出一个融洽的环境。而与你分享的人都会成为你的朋友，朋友之间的伤害是无心的，帮助才是真心的。当你学会忘记那些伤害，铭记那些真心的帮助，你就会发现这世上你会有很多真心的朋友，你也会感受到更多的快乐。

第七课

心态，平和之心才能快乐生活

大文豪狄更斯曾说：「一个健全的心态，比一百种智慧都更有力量！」年轻人容易被外界一些无关紧要的事情影响自己的情绪，当人生中出现不如意之事时，便心急火燎、坐立不安。其实这就相当于把操控自己情绪的『开关』交给别人。

其实，青春不可避免地会遭遇疼痛，也会遇到一些无法改变的事情，当然也会遭遇低谷和绝境，可这些都不是年轻人抱怨命运的借口，而是要试着改变自己。当你无法改变环境的时候，就要试着去接受，成功离不开磨炼，年轻人在逆境中才能愈挫愈勇，而有时候退一步，也能为你带来意外的惊喜。总之，年轻人要勇敢地『掐住』命运的咽喉，用平常心面对得失。

疼痛是每个青春都会体验的滋味

如果你足够坚强，你就是史无前例的。

——卡耐基

青春避免不了要经历挫折，这是年轻人体验生活的必经之路，没有疼痛就没有进步，青春必然会经历疼痛，这是无法逃避的，也是必须经历的。那些还没有经历过挫折的人，会天真地认为一帆风顺的生活状态是存在的，如果年轻人有这样的想法，那只能说明你还没做好承受挫折的准备。如果你想要经营好人生，希望自己能成为一名真正的勇士，就必须学会承受疼痛，经历磨炼。

古希腊演说家德摩斯梯尼患有先天性口吃，幼年时期无法完整地说完一句话，青年时代发表演说时常被人喝倒彩。但他始终对自己充满信心，为了改掉口吃，每天清晨站在爱琴海边，口含石子，大声练习，终于成为辩驳纵横的演说家。

海伦·凯勒，幼年因疾病失去听力和视力。但她从不放弃自己，14岁开始学习外语，通晓多种语言，并于20岁考入哈佛大学。

发现了行星三大运动定律的开普勒4岁时感染天花，留下一脸麻子，后又患猩红热，烧坏了眼睛，成了高度近视。他终身受疾病折磨。但他从未失去自信，在贫困和疾病交加中依然坚持自己的事业，最后建立了行星运动三定律，为牛顿发现万有引力打下了基础。

所有取得伟大成就的人，都曾经历重重挫折，体验过疼痛的滋味，方能成就一番事业。每个年轻人都会遇到病痛、遭遇命运的不公，但无论生活给你什么样的挫折，年轻人都要有一个坚定的信念：一捧泥土，只要你肯耕耘，就会孕育出果实；一缕细流，只要你肯积累，就会收获出深邃。生活总是偏爱那些勤奋、坚强的人。当生活需要你承受痛苦的时候，你能做的就是义无反顾的接受，除此之外毫无选择。

艾青曾这样描述过礁石的形象：一个接一个的浪头，无休止地扑过来，每个浪都扑在礁石的脚下，被打成碎片。它身上、脸上到处都是伤痕，但它依然挺立在那儿。"青春应如此，只有经受苦痛，才能获得成长。

一位农夫拖着沉重的麦子疲惫地来到山脚下。望着前面那一段陡峭的上坡路，不禁在心里犯难，心想，今天要是自己一个人恐怕没法拉上去了，得有人帮我一把才行。正在为难之际，正巧一个热心的路人走过来，他看出了农夫的难处，对农夫说："别担心，我可以帮你一把。"说着，利落地卷起衣袖，摆出一副推车的姿势。

于是，农夫咬紧牙开始卖力地拉车。那位热心的路人在一边高声为农夫喊着"加油"。终于，满载麦子的车被农夫拉到了山顶。当农夫感谢那位热心人的鼎力相助时，没想到他却说："你不用感谢我，应该感谢你自己。我前段时间刚动过手术，根本就不能用力。我只是帮你喊喊加油而已，是你自己把那车麦子拉上去的。"

很多时候，年轻人会遇到跟农夫一样的处境，需要的不是别人的帮助，而是一份坚持和一份自信。有一句至理名言："容易走的都是下坡路。"人生之路并非一马平川，无须费劲就能前行的路不会让你取得进步，只会让你倒退。许多时候，因为你放弃了努力，便白白地错失了成功的良机，结果半途而废，无功而返。

年轻人不要被困难吓到，不要害怕疼痛而不敢行动，而要怀着一颗敢于超越自己的心去努力奋斗，那么在你生命的下一站就会遇见奇迹。年轻人所经历的风风雨雨还很少，很容易产生错觉，也很容易被挫折打败，但无论你遭遇到什么样的困难都要铭记，青春是充满疼痛的，而你经历的痛苦都将成为你的财富，在以后的岁月中，成为你美好的记忆。

"不经历风雨，怎能见彩虹"。一帆风顺的生活会使人迷失方向，而挫折和磨难却能使人成功。泰戈尔曾说过："别对自己失望，也别为一次失败而黯然神伤，在漫漫人生路上，这只是第一个风浪。不要畏惧，不要退缩，奋斗拼搏才是正确的选择。"

改变环境，要先适应环境

只有顺从自然，才能驾驭自然。

——卡耐基

俗话说：当你无法改变环境的时候，就要先改变自己。年轻人要拥有适应环境的能力，因为你的人生才刚刚开始，在未知的旅途中会遭遇很多事情，但并不是每一处环境都能让你满意。因此，如果想要经营好自己的人生，想要改变自己的环境，就要学会适应眼前的环境，学会改变自己，让自己融入到一个新的环境里，待你真正适应了环境之后，才有能力去改变。

世事难料，在年轻人的生活中会遇到很多无法改变的事实。与其自怨自艾一无所获，不如先接受现实，再另辟蹊径。当然，每个人都有自己的原则，处世待人都有自己的方式。年轻人在适应环境的同时，也要辨别哪些是值得学习的，不能为适应环境而放弃自己的优点。

在加利福尼亚半岛上，生活着很多美洲鹰，可随着当地环境的破坏，美洲鹰的生存环境也逐渐恶化，最后几乎快要灭绝了。于是，美国一位科学家决心挽救这些矫健的美洲鹰，当他去调查现存的美洲鹰的生存状态时，却意外地在南美安第斯山脉的一个岩洞里发现了它们。更让人惊奇的是它们生活在一些洞口非常小的山洞里，还用很多菱角分明的石头把洞口围起来。

科学家感到有些不可思议，美洲鹰的两翼伸展开后可达三米长，体重可超过20公斤，然而在这些狭窄的山洞间，岩石与岩石之间的距离只有0.5英尺宽。美洲鹰能在这样窄的洞口中自由地出入实在超乎人的想象。

后来这位科学家用现代科技在岩洞中捕捉到了一只美洲鹰。并用它做了实验。科学家从录像上的慢镜头中发现了美洲鹰在只有0.5英尺大的洞口钻出钻进的秘密。原来，在它钻出小洞时，双翅紧紧地贴在肚皮上，双腿却直直地伸到了尾部，与同样伸直的头颈对称起来，就像一截细小而柔软的面条一样，就是这样，它才能在恶劣的环境中生存下来，才能自由自在地在天空飞翔。

动物为了适应环境，善于改变自己的生存习惯，甚至为之付出巨大的代价，作为高智商的人类，更要拥有良好的适应能力才能让自己的能力得到发挥。在纷繁复杂的社会环境中，年轻人若想要有所作为就要积极主动地去适应环境，未雨绸缪，为可能发生的事情做好准备。这样即使所处的环境发生变化，也不会因此而被淘汰掉。

社会是一个复杂的大环境，处在这样一个大的环境中，年轻人要适当地调节自己，让自己更加适应周围的环境才是明智之举。因为很多时候，别人并不会因为你而改变自己，你能做的只是通过自己的努力得到大家认可，才能真正融入到新的环境中。当你用这样一种心态去面对周围的事物时，才能静下心来找到适合自己发展的方式，才能让自己的生活过得更好。

无论你以前所处的环境是什么，也不管你以前的生活是什么样，但你的人生遭遇意外或变故的时候，唯有在新的环境中做出改变，并学会接受现实才能改变自己的命运。若你抱着"环境必须要适应我"的心态，你会发现自己"英雄全无用武之地"，没有任何适合自己发展的地方。这种心态对你没有任何好处，只会让你感到苦恼。

抱怨是弱者的专利

伟大人物最明显的标志，就是坚强的意志。

——卡耐基

年轻人常常为生活中一些不顺的事抱怨，甚至养成抱怨的习惯，大到命运的不公，让自己输在了起跑线上；小到午餐时老板给你的牛肉面少放了两块牛肉……总之，遇到不顺心的事情就会习惯抱怨老天亏待了自己，进而祈求老天赐给自己更多的力量，帮助自己渡过难关。但实际上，老天是最公平的。

网络上曾经流传这样一段话：如果你卡里有存款，包有现金，还有富裕的零花钱，那么你已是跻身世上最富有的 8% 了；如果你早上起床时，一切完好，没病没灾，你已经比活不过这周的 100 万人幸福多了；如果你没有经历过战乱、牢狱、饥荒，那么你已经比世界上的 5 亿人拥有更多的幸福了。虽然有点夸张，但这也告诉年轻人一个道理：别让你的生活充满抱怨，只有弱者才会抱怨生活的不如意，而强者则选择改变自己的生活。

一只乌鸦打算离开自己居住的地方，去寻找新的住处。途中遇到一只喜鹊，一起在树上停下来休息。喜鹊问乌鸦："你这么辛苦地赶路，要去什么地方呢？为什么要离开熟悉的地方？"

乌鸦叹了口气，气愤地说："其实不是我想离开，而是这里的居民太挑剔，嫌我的叫声不好听，他们一见到我就撵我，有些人还用小石头丢我，所以我想离开，去别的地方开始新生活。"喜鹊好心地说："哎呀，你就别白费力气了。如果你不改变自己的叫声，飞到哪里都不会受欢迎的。"

乌鸦只会抱怨人们不喜欢它，却不知道最根本的原因出在自己身上。年轻人对生活的抱怨，就好比乌鸦责怪人们不懂得欣赏它，对此哲学家也曾经说过："怨天尤人的人，是注定要失败的性格，成功的人通常都擅长从自身找原因，总结经验教训，避免下次在同一个地方跌倒。而遇事总习惯抱怨的人，大都只有在失败的圈子里转来转去，却不知改变自己。"

心理专家曾经发起过一个关于"为何要抱怨"的调查，在这项有五千人参加的调查里，有74%的人表示抱怨是为了发泄内心的苦闷；而36%的人抱怨是希望有人能关注自己；还有24%的人表示自己已经习惯了抱怨，另外21%的人抱怨只是为了给自己找个逃避的借口。

调查中还有一个奇特的现象：在所有受访者中，有45%的人表示，当有人向自己抱怨时，自己也会受到感染而参与到抱怨当中。也就是说，原本想要发泄糟糕的情绪，结果却引发了对方更多的消极感受；希望对方能够帮忙解决问题，最后却只会为自己增添更多的困扰。

最后的结果告诉人们：抱怨无法改变生活的状态，反而会让自己痛苦不堪。

抱怨是年轻人的通病，爱抱怨的人并不会让人特别反感，但也绝对不受朋友的欢迎。偶尔的抱怨也许可以当做某种情感的宣泄，但是一旦养成习惯，就会对年轻人的人生产生影响。年轻人要明白，人生的挫折不可避免，而抱怨只会磨灭你的斗志，所以，为何不积极地迎接挑战，做个不抱怨的阳光青年呢？

要改变抱怨的习惯，年轻人在面对生活中的挫折时，先别着急解决，而是要先停下来，让自己放松，找出事情发生的主要原因和解决的办法，然后有条不紊地按步骤解决，这样就能从中吸取到经验，避免再次犯错。

还可以有意识地记录自己抱怨的原因，然后反思"这件事情真的值得我抱怨吗"，还有没有其他方法可以解决这件事情……这样思考之后，你就能顺利告别抱怨，转而做一个有行动能力的年轻人。

退一步海阔天空

使你获得成功的第八条秘诀是：世上万事，有容乃大。

——卡耐基

生活是一出复杂的舞台剧，年轻人身在其中难免会和别人发生磕碰。那么，当你在处理这类事时，就应该想想，是退一步皆大欢喜，还是据理力争毫不退让，因为这两种选择的结果是大一样的。人生路上，年轻人难免会遇到劲敌，而这时候你就要学会放下勇敢、要有坚强和勇于挑战的心态，如果不懂得退让只会让你头破血流。

在茂密的亚马逊热带丛林里，生活着一种奇特的鸟类——蜂鸟。它是世界上最小的鸟，也是世界上唯一能倒退飞行的鸟。据说蜂鸟从前是不会倒着飞的。它们的家族很庞大，并且有严格的制度，其中一条就是不准后退，如果有胆小的蜂鸟临阵退缩，就会被围攻而死。而且蜂鸟以前是杂食鸟类，遇到什么就吃什么，这个规矩延续了很多年。

　　一年夏天，森林发生了火灾，由于蜂鸟不许后退的规矩，它们只能一群群地向烈火扑去，结果全都惨死在烈火中。眼看整个家族就要覆灭，这时有一只蜂鸟动摇了，它试图往后退，蜂鸟王很恼火，它指挥其他蜂鸟向那只退缩的蜂鸟进攻。可是这次，那些蜂鸟却跟着那只蜂鸟往后退去，就这样，这部分蜂鸟存活了下来，并延续下来。后来蜂鸟便延续了这个习惯，可以倒着飞，并且性情变得特别温和，生活得快乐自在。

　　蜂鸟的故事告诉年轻人，有时候人会陷入一种盲目追求而不知退步的处境，如果能懂得退一步海阔天空的道理，那么就能找到一条新的出路。

　　年轻人朝气蓬勃，但往往因为过于纯真而不懂得忍一时之气，这样反而会得不偿失。因此，年轻人应该学会以退为进。退一步不是消极，而是用长远的眼光来看待事情；不是刻意逃避，而是一种处事哲学。生活中，有很多事是需要退让一步的，年轻人遇到一些生活中的琐事，能让就让，能忍就忍，才会天下太平。如果与谁都格格不入，不懂谦让，就好比"两虎相斗，必有一伤"，还不如退一步，皆大欢喜。

　　公孙弘是汉代的一位丞相，他年轻时家里十分贫穷，直到汉武帝登基招募贤士，他才飞黄腾达。这一年他已经六十岁。但是他当了丞相之后生活依然十分俭朴，一日三餐都是粗茶淡饭，连家具也都是最普通的。

　　可是另一位大臣汲黯却看不惯公孙弘的行为，认为他是故意假装清廉，于是向汉武帝参了他一本，批评公孙弘位列三公，有相当可观的俸禄，却只吃粗茶淡饭，实质上是沽名钓誉，目的是为了骗取俭朴清廉的美名。

汉武帝问公孙弘："汲黯所说的都是事实吗？"

大家都以为公孙弘要怒斥汲黯，谁知道他平静地回答道："汲黯说的一点也没错。在满朝大臣中，他与我交情最好，也最了解我。今天他当着众人的面指责我，正是切中了我的要害。我位列三公而只用粗茶淡饭，过着普通百姓一样的生活，确实是故意装得清廉以沽名钓誉。但如果不是汲黯忠心耿耿，陛下怎么会听到对我的这种批评呢？"

汉武帝听了公孙弘的这一番话，觉得他心怀坦荡，从不辩解，没有沽名钓誉之嫌。他对指责自己的人大加赞赏，可见他确实有大度量。汉武帝十分欣赏公孙弘的退让智慧，不但没有治他的罪，反而更加尊重他了。

公孙弘在面对汉武帝的责问时，既不勃然大怒，也不为自己狡辩，而是承认对方说的话，这种退步让他保全了自己，是以退为进的必要选择。"退一步"不是一句口号，年轻人若想要做到这点，首先要学会冷静。

事情的产生总有前因后果，年轻人必须认真地分析，找出症结，不能从表面上看问题，而是要抓住问题的要点。保持冷静和清醒的头脑，不片面看待问题，不以个人情绪判断事情的对错，要用正常的心态处理问题。这样才能顺利地解决问题，消除矛盾。

年轻人要做到"以退为进"还要学会换位思考。当你碰上一件让自己的烦恼的事情，要从多角度出发去思考，认真斟酌，从他人的心理出发，就能得出正确的结论。倘若你只能从自己的利益点出发，就无法全面地看待事情。

年轻人要学会退让，要做到文明交流。遇事难免要与人打交道，如果不能用融洽的方式与对方交流，就难以得到令双方都满意的结果。交流既要有坦诚的态度，还要有文明的语言和良好的气氛，使人能在柔和的气氛中放松下来。年轻人要明白，虽然你无法选择自己的命运，但是可以选择自己要走的路，懂得如何退步，有时能让你更好地前进。

有时候也要相信"命中注定"

所有经典的艺术，都听从了心灵的声音，抛开得失成败，不忧前途未来。

——卡耐基

世间万物都有各自的规律，就如"春有百花秋有月，夏有凉风冬有雪"，一切事物都按各自的轨道前进，这也是一种"命中注定"。如果硬要强求，不顺其自然，结果就有可能会变得不堪。年轻人也许体验过这种感觉：有些事情越想得到它，却反而会远离自己。希望越大，越容易失望，心情也会变得很差。

生活中，不顺心的事时常会发生在年轻人身上，这时就要懂得"随缘自适，烦恼即去"。顺其自然是一种平和的心态，能让你保持良好的心情面对未来将要发生的事情。顺其自然也是一种进取。不怨恨、不烦躁、不悲观，这是一种达观，是一种洒脱。

战国时期，在一处边塞住着一个老人，大家都叫他塞翁。塞翁养了许多马，一天，他的马群中忽然有一匹走失了。在边塞，马是重要的交通工具，也是贵重的私人财产，于是邻居们听说这件事之后，都跑来安慰塞翁，劝他不必太伤心，只是丢失了一匹马而已。

塞翁却很看得开，他对大家说："丢了一匹马没什么，没准还会带来好运气呢。"

邻居听了塞翁的话就觉得很好笑："丢了马明明是件坏事，他却认为是好事，这只是塞翁自我安慰吧。"可是没过几天，丢失的马竟然自己回来了，还带回一匹邻国的骏马。邻居听说了，便纷纷来道贺，但塞翁却没有很开心，而是平静地说："白白得了一匹好马，不一定是什么福气，也许会惹出什么麻烦来。"

果真没过多久，塞翁的儿子在骑那匹邻国的骏马时，不小心摔断了腿。邻居听说，又纷纷来慰问。塞翁依然平静地说："没什么，腿摔断了却保住了性命，或许是件好事。"邻居们觉得老头糊涂了，摔断腿哪会带来什么福气。

可没过多久，邻国大举入侵，青壮年都被征召入伍，结果很多人战死沙场，而塞翁的儿子因为摔断了腿，没有当兵，也因此保全了性命。

塞翁失马的故事几乎家喻户晓，但年轻人不一定能发现塞翁的高明之处。塞翁能顺其自然地面对自己身上发生的一切，他明白"祸兮福之所倚，福兮祸之所伏"的道理，从而能做到"不以物喜，不以物悲"，任何事情都能想得开、看得透、顺其自然。

年轻人要懂得"有缘即住无缘去，一任清风送白云。"对人生的所求，求而得之，我之所喜；求而不得，我亦无忧。能做到这点，年轻人在经营人生时就会减少很多烦恼。大千世界芸芸众生，一切事情必有缘，能理解"命中注定"才是拥有大智慧的表现，也是年轻人经营人生所需要的一种精神。

当然，顺其自然也不是让年轻人无节制地放纵自己，让自己随波逐流。而是应该坚持自己的原则，过正常的生活，做自己应该做的事情，在找到自己的人生方向后长驱直入，放弃那些不必要的事情，这就是顺其自然。有人曾经问一个哲学家"游泳时遇到漩涡怎么办"。哲学家这样答道："不要害怕。你要做的只是沉住气，沿着漩涡的逆方向奋力游出便可化险为夷。"相信命中注定也是如此，它不是让年轻人遵循"无所作为"思想，而是放弃计较那些对自己的未来没有帮助的事情。

年轻人若能顺其自然，为了自己的理想而付出，就能经营出自己想要的生活，展现自己的人生价值。"命中注定"是一种成熟的心态，是你内心对自己拥有自信的表现。做到随缘，拥有一份淡泊的心，你就会发现，无论天空是否阴云密布，生活是否坎坷，你心中的那份平静和恬淡却始终常在。

无法改变的事实就要学着接受

"当一个人的改变起自他本身"，勃朗宁曾说："他已经不是一个平常人了。"

——卡耐基

莎士比亚有一句名言："聪明的人永远不会为他们的损失而悲伤，他们只会想办法弥补自己的损失。"在遭遇人生不如意之时，年轻人常常会被眼前的意外打个措手不及，然后悲天悯人，开始抱怨生活的不公。其实，就像莎士比亚说的，聪明的年轻人应该昂首挺胸，擦干悲伤的眼泪，把悲观失望全部抛在脑后，接受不幸的事实，尽最大的努力挽回对自己有利的一面。

"不要为打翻的牛奶而哭泣"这句话人人耳熟能详，但它其中包含的智慧却少有人能理解。既然已经失去，或者必然要面对，那就别为此而感到悲伤，勇敢地面对才是最正确的方法。如果你还在为无法挽回的事情而伤心难过，那么你应该看看蚌是如何把沙子变成珍珠的。

养殖厂养了很多蚌，但是这种蚌并不是用来食用的，而是用来培育珍珠的。当工人把一粒粒沙子放进蚌的壳内时，蚌却不太合作，因为那让它觉得非常不舒服，但是又没有办法把沙子吐出去。所以蚌没有别的选择，它无法抱怨自己的命运，也没办法改变自己的命运，于是它只有接受体内有沙子这个事实。它唯一能做的就是想办法把这粒沙子同化，使它跟自己和平共处。于是蚌开始尝试着用自己的身体包裹沙子。

渐渐地，当蚌为沙子裹上一层外衣时，蚌觉得沙子已经是自己的一部分，不再是异物了，难受的感觉也渐渐消失。随着沙子上蚌成分越来越多，蚌越把它当作自己，就越能心平气和地和沙子相处。

蚌不是多么高级的生物，它只是很低等的无脊椎动物。但是就这样一个甚至不具有智商的生物都能想办法去适应自己无法改变的事实，把那些让自己不愉快的沙粒转变成自己的一部分，让人不得不感叹世界的奇妙。

人作为一种高智商的生物，有时却需要向蚌这种低智慧的生物学习。尼泊尔有一句俗语："请赐给我们胸襟和气量，让我们能以平静的心态接受那些不可改变的事情；请赐给我们力量，去改变那些可以改变的事情；请赐给我们智慧，让我们能区分什么是可以改变的，什么是不可以改变的。"生活是强硬的，是无法完全由自己掌控的，年轻人要试着接受那些无法改变的事情，不能一遇到挫折便怨天尤人。就好比打牌时，如果技术不过关，拿到再好的牌也不一定能赢，能打好手中的牌打才是最重要的。

有一个舞蹈演员，他的舞台生涯长达二十年，曾经风靡全球。可当他步入晚年时，却突然破产了。更糟糕的是，他在乘船出去游玩时，不小心摔了一跤。最后腿部因伤势严重，引起了静脉炎。医生认为只有把受伤的腿切除，才能保住舞蹈演员的性命。但他不敢把这个决定告诉这名演员，怕他承受不了这个打击。可是医生的担忧的是多余的。这名舞蹈演员很平静地看着医生说："既然没有别的办法，那就只有接受了。"

手术那天，他拼尽全力表演了一段自己最爱的舞蹈。有人问他是否在安慰自己。他回答："不，我是在安慰医生。他们太辛苦了。"后来，这名舞蹈演员带着一副残缺的身体在世界各地演出。当人们诧异地问他如何能如此平静地面对那沉重的打击时，他微笑着说："我知道，接受无法改变的事实才能让自己好过。"

既然无法改变，唯有坦然接受才能让自己获得平静。当年苏格拉底因名声显赫引来他人的嫉妒而被控告，最后被判了死刑。当狱卒把毒酒拿给苏格拉底时说："请饮下这必饮的一杯吧！"苏格拉底平静地面对死亡，毅然喝下了毒酒。苏格拉底是著名的思想家，他坦然面对自己的死亡，也因此而保存了自己的威严。年轻人也许不会遭遇苏格拉底的事情，但是在生活中，谁又能保证自己能永远一帆风顺呢？

当你面对困难时，如果不能正视困难，而是被困难压倒，那就会让自己陷入一个可怕的深渊。勇者能坦然面对失败，纠正错误重新投入。年轻人想经营好自己的人生，就不能畏惧失败，而要学会坦然接受，只要处理得当，就能战胜失败。

别认为自己是最不幸的人

人生有两种悲剧。一是万念俱灰；另一是志在必得。

——卡耐基

年轻人在自己的人生路上会遭受很多不幸，比如失恋、失业，事业遭遇滑坡，被朋友误会……遇到这些灾难的时候，年轻人就会不自觉地放大自己的不幸，然后心生伤感甚至于产生失望。可这些伤感并不能让你走出困境走出迷惘，这种消极会让你愈发觉得自己很"杯具"，从而陷入低落情绪的恶性循环。

人生是漫长的，俗话说"常在河边走，哪能不湿鞋"。一样的道理，在人生这条路上行走，哪有不硌脚的时候呢？可是，有时那些让你硌脚的也许只是一粒沙，让你跌倒的也许只是一道丝毫不起眼的坎。但如果你被这些小小的挫折包围，在暂时的失意里迷失方向，就会无法自拔，被自己想象出来的悲伤淹没。

西汉时期，汉武帝在苏武出使匈奴的第二年，派出了他的小舅子兼贰师将军李广利，带兵三万准备攻打匈奴。没想到却打了个大败仗，李广利逃了回来。于是汉武帝派出李广的孙子李陵带着五千名骑兵强弩手接应李广利。

但令人无奈的是，匈奴单于亲自率领三万骑兵把李陵和他的士兵团团围围住。因此尽管李陵的箭法百发百中，士兵也英勇无畏，但匈奴兵在数量上有压倒性的优势，最后汉军寡不敌众，弹尽粮绝之时李陵只得向匈奴投降。

李陵投降匈奴的消息震动了朝廷。汉武帝把李陵的家人都关进了监狱，并且召集大臣，要他们议一议李陵的罪行。大臣们都谴责李陵不该贪生怕死，向匈奴投降。汉武帝便询问太史令司马迁，想听听他的意见。

司马迁说："李陵带去的士兵不满五千，他深入到敌人的腹地，与几万敌人作战。虽然打了败仗，可是也杀了这么多的敌人，也得以向天下人交代了。李陵不肯战死，肯定有他的主意。他一定还想将功赎罪来报答皇上的。"

汉武帝听了，认为司马迁这样为李陵辩护，是有意贬低李广利，便勃然大怒说："你这样替投降的人强辩，不是存心反对朝廷吗？"他吆喝一声，就把司马迁下了监狱，交给廷尉审问。

一番审问之后，给司马迁定了"腐刑"，也就是电影《葵花宝典》里所说的"自宫"。司马迁家里比较穷，没有钱赎罪，只好受了刑罚。在监狱里的时候，司马迁为自己的遭遇感到羞愧，几乎想自杀。但他坚持了下来，完成了中国古代最伟大的历史著作——《史记》。

与司马迁的遭遇相比，还有什么不幸比这更痛苦呢？年轻人不要因为一次哭泣就关闭了自己的心门；也不要因为一次失败就把希望抛到身后。当然，也不能因为一次成功就得意忘形。人生中的得失只是一念之间。一个人得到了什么、失去了什么，是仁者见仁、智者见智的问题。因此，年轻人别太在乎人生中的不幸，要记得随时调整自己的心态，学会洒脱地放弃。

经营人生的秘诀就是对一些事情不要太在意，淡定一些，扫除心里的杂物，轻松上阵才好。有时，生活中的许多不安与烦恼都是因为年轻人"太在意"惹出来的。太在意得失的人，每天总会为自己增加不少烦恼。一个人越是在意别人对自己的看法就越是犹豫不决、坐立不安，这些才是影响自己快乐生活的根本的原因。

无论是对生活还是对人生，年轻人都不用太在意，否者失去宽阔的心胸，无法超然物外。要知道，你不是世界上最不幸的人，别自怜自哀，沉醉在自己的不幸中。珍惜当下才能享受现在。经验告诉人们，任何事情都要全面看待，不能以点代面，以偏盖全。要全面客观地去分析问题，解决问题。否则会错失良机，陷入思维的死胡同中，找不到出去的路。所以，年轻人要善于打开心怀，用乐观的心态面对自己的不幸。

在逆境中突破自我

逆境是磨炼品格的最好导师，正如"需要是发明之母"一样。

——卡耐基

培根在他的著作《人生论》里说"一切逆境并非没有希望。幸福会暴露人性中恶劣的品质，而人性中最优秀的品质却会在逆境彰显"。人的一生要经历很多是非，而年轻人在成长中最必不可少的，便是在逆境中突破自我。新东方的掌门人俞敏洪曾经说："当北大踹我一脚的时候，我心里充满了怨恨，而现在却充满了感激。如果不是遭遇逆境，也许就没有新东方，也许我现在只是北大英语系的一个副教授。"

当你获得成功的时候，不要感谢苍天，不要感谢命运之神，而是要感谢那些给自己制造逆境的对手。年轻人是在逆境中一步步走向成熟，经营人生的经营也是在逆境中锻炼出的，没有逆境，就难以磨炼年轻人顽强拼搏的精神！

世界著名的小提琴演奏家帕格尼尼是一个传奇，他用琴弦把自己的天才演奏发挥到极致。但光环的背后永远充斥着苦难，帕格尼尼也不例外。

　　帕格尼尼的父亲是一个喜欢音乐的商人，在他三岁时，父亲就开始教帕格尼尼如何演奏小提琴，后来又让他师从小提琴家塞尔维托·科斯塔学习。帕格尼尼的天分让父亲很是得意，在他八岁那年他创作了人生的第一首小提琴奏鸣曲，并能演奏小提琴家、作曲家布雷尔的协奏曲。

　　十三岁开始，帕格尼尼在意大利北部旅行演出。1797 年后，他的琴声又遍及法、奥、德、英等欧洲各国。他高超的演奏技巧，曾使在病中的老师罗拉跳下病榻，自愧无颜为师。法国著名小提琴家罗多尔夫·克罗采听了帕格尼尼的演奏，也为他惊人的技巧而目瞪口呆。人们曾经把帕格尼尼的演奏称作"恶魔的演奏"。

　　1800 年，帕格尼尼已经在音乐界拥有了一席之地，无论去哪里演出都受到贵族的热烈欢迎。但帕格尼尼在艺术上取得成就的同时，却也备受疾病的折磨。他从小就被病魔缠身，一生中几度死里逃生。四十六岁那年，他的牙床突然长满脓疮，只好拔掉几乎所有的牙齿。牙病初愈，他的眼睛却又受到感染，几乎失明。于是幼小的儿子成了他的"拐杖"。

　　1828 年以后，他的演出越来越少。五十岁的帕格尼尼身患多种疾病，关节炎、肠道炎、咽喉癌等不断侵袭他，后来他无法说话，只能靠儿子看他的口型帮助他与人沟通。可以说他的一生充满了波折，但他之所以有那样的成就，是因为他的坚强让他在逆境中崛起，成为伟大的音乐家。

　　每一只漂亮的蝴蝶，都要经过破茧的挣扎，才能拥有炫目的色彩。人生也是如此，光环的背后是痛苦的蜕变。人生潮起潮落，年轻人要明白，逆境不过是人生中暂时出现的"落潮"。当你身陷逆境时，不必怨天尤人，应该冷静理智地对待。

俗话说"顺境不是喜，逆境不是悲"。年轻人即使身处逆境，也要抱一种积极的态度，当你受到打击和嘲笑时，不必为此而感到愤怒，而应当在众人的打击中来锻炼自己的品格。流行天后蔡依林在一次发表获奖感言时说："感谢那些曾经看不起我、打击我的人，感谢你们给了我动力，让我走向成功。"年轻人要化愤怒为力量，感谢那些曾经打击你、嘲讽你的人，正因为他们对你的轻视，给了你提升自己的动力。

国外有名言说"笨蛋才会给自己制造逆境，而聪明的人则会扭转逆境"。逆境并不是凭空出现的，而是年轻人自己选择的结果。因此，对自己的选择，年轻人应该坦然接受，在逆境中找到出路。科学家贝佛里奇说过："最出色的工作往往是人们在逆境中做出的。思想的压力，肉体的痛苦，都是人生的兴奋剂。"是的，逆境并不可怕，可怕的是不能够在逆境中站起。古人云"有志者，事竟成"。只要年轻人能坚定信心，逆境就能成为锻炼你的工具。玉不琢不成器，年轻人要想拥有完美的人生，就要经得起生活中的各种挑战。如果说蚌的痛苦成就了珍珠，那么当它们经历了一次又一次的痛苦之后，自然会形成不屈的毅力、无畏的勇气和坚韧的性格。尽管年轻人在人生的路上可能摔倒，但只要你能爬起来，就能一路向前。

成功，需要经历磨难

成功者与失败者最大的差异，在于成功者会设法由失败中获益，再尝试别的方法。

——卡耐基

"宝剑锋自磨砺出，梅花香自苦寒来"，古人告诉我们，任何成功都要经历一番磨难。事实上，这句名言流传了几千年，直到现在也依然适用。磨砺不仅仅是指对年轻人的身体进行锻炼，更重要的是锻炼你的心智，塑造有魅力的人格。可以说，磨炼是年轻人经营人生必经的挑战，也是无法逃避的精神考验。磨炼，甚至是年轻人获得成功的必备条件。

成龙是一位成功的演员，他是大陆家喻户晓的动作明星，在国际上也有一定的影响力；他从上世纪八十年代一直红到了现在。但是他的星路成就却是经历了许多磨难的，有精神上的，也有肉体上的，为了在演艺圈混出点名堂，他甚至不在乎牺牲自己的健康。

20世纪70年代，香港的演艺圈中有一位初出茅庐的演员，他就是成龙。他接演了一部戏，戏中有三个女演员都喜欢他。一位当红的女演员甚至在跟编剧聊天的时候说"我怎么会喜欢他？大鼻子，小眼睛"。成龙强忍着不悦，给坐着的她鞠躬。

曾经为了请著名的武侠小说家古龙给自己写剧本，成龙每天陪他喝酒。宴席上，左一杯、右一杯地敬古大侠，不管三七二十一地拼命往下喝。喝完以后，古龙却说："我怎么会给他写剧本，我要写，也得找个长得像样点的。"酒醉的成龙跑到厕所吐，抱着朋友哭得稀里哗啦。

然而沧海桑田，世事无常。30年后，成龙成为了演艺圈的老大哥，在全世界拥有了超过三亿的粉丝，成为唯一一位在好莱坞星光大道上留下手印、脚印、鼻印的华人，同时美国的《人物》杂志曾经评选他为100位当今全球最伟大影星的中国演员。对于经历的磨难，成龙说："我经历了无数这种遭遇，但是我没有生气，我还感谢那些打击我的人，请他们吃饭，因为若不是他们，我不会努力，也不会有今天。"

经历磨难并不可怕，关键在于要在磨难中坚强地挺立，并吸取教训，在困境中改善求进。只要能在磨炼中学得经验，便永不会重蹈覆辙。这样就能把磨难变成你成长的养料，成功的助推器。大剧作家萧伯纳曾经写道："成功是经过许多次的磨难之后才得到的。生活有时公平，但不是绝对公平的。"有些人出身名门，生下来就锦衣玉食，而大多数人却生在平常百姓家，必须为自己的生存而努力工作，还有些人则更悲惨，生来先天不足。但这没有什么好抱怨的，这是上天注定要让你经历的磨难，若能成功，必然能获得比别人多得多的成就。

台湾的著名画家谢坤山，出生贫寒，很早便辍学。童年时就外出打工养活自己，十六岁因误触高压电，失去了双臂和一条腿，二十三岁那年又意外失去了一只眼睛……面对这样一连串的打击，他没有抱怨命运的不公，而是在磨难中学会了坚强。

他没有因为身体的残疾而自暴自弃，而是自己发明了许多方法解决日常生活中的问题，甚至还开始学着用嘴咬笔习画。艺术的世界让谢坤山忘记了自己的残疾，给了他极大的鼓舞，1980年他拜师陈惠兰和吴炫三，并回到学校完成国中和高中教育。

在求学的过程中，他还找到了自己的真爱，最后结婚成家，并成为台湾知名的职业画家。一个没有双臂的人竟然成了著名画家，在常人看来是不可思议的，他却成功了。

"天将降大任于斯人也，必先苦其心志，劳其筋骨，饿其体肤……"一个人想要成就一番大事，总要经受一定的磨难。年轻人在生活中遭遇挫折时，不要一味消沉，人只有在磨难中才能成长，才能取得受人瞩目的成绩。

磨难其实是一种锻炼，既能锻炼年轻人的体能和意志，又能强身健骨。但不同的人对待磨难有不同的态度，一种是主动出击，一种是被动承受。年轻人若能积极地迎接磨难，那么你的内心多半是坦然的，磨难会使你的锋芒更耀眼；而被动承受磨难的人，在经历磨难时，内心多半是煎熬的、充满惶惑的，磨难会让你变成随波逐流的浮萍。成功不一定要经历失败，但唯有经历过磨难，年轻人的潜力才能更好地发挥。年轻人要明白，苦难是对一个人最好的磨炼，也是上天对你的恩赐。只要你能勇敢迎接上天赐予你的苦难，就一定能经营出更辉煌的人生。

走自己的路，别在乎他人的看法

最本质的人生价值就是人的独立性。

——卡耐基

年轻人的思维天马行空，常常会产生很多独特的想法，但因为年轻，却又常常遭到周围人的质疑。有时候怀疑你的人多了，就连自己也怀疑起自己来，然后就会改变自己的想法。当一个人否定你的时候，你可以不在意；当一千个人否定你的时候，也许你就会怀疑起自己来。其实年轻人不必在乎太多世俗的看法。当你走在一条陌生的道路上，你要走你认为对的路，因为路是由自己选择的，只有走下去才知道它是否正确。

维克托是美术界"视幻艺术派"的代表人物，他出生在一个富贵的家庭，父亲是一位声名显赫的外交官。维克托从小喜欢画画，他14岁那年，父亲带他去见毕加索，想让这位大画家收儿子为徒。可是，毕加索拿过维克托的画看了一眼后，当即拒绝收他为徒。

维克托的父亲很诧异，他不知道为什么毕加索毫不犹豫地拒绝了他。"你想让维克托成为一个真正的画家，还是做第二个毕加索？"毕加索问。

"我想让他成为一个像你一样真正的画家！"维克托的父亲回答。

"假若是这样的话，你就把他领回去！"毕加索回答。

40年后，维克托的画第一次出现在苏富比拍卖行，虽然拍卖的价格只有毕加索的几十分之一，但他仍非常高兴。

当记者采访他时，他感慨地说："毕加索不愧为真正的大艺术家，他不愿意抹杀我的天分，让我成为一个独特的画家。我很庆幸他当年拒绝收我为徒，才能让我得以施展自己的特长。"

如果年轻人太在乎别人的看法，希望附庸别人来得到赞许，就相当于告诉自己"不要相信自己，你得听听别人的意见"。继而你就会开始怀疑自己，渐渐地就会失去独立的个性。年轻人如果不认同自己，就会导致你只会按照别人的想法去生活，这样就会受到无形的束缚。无法坚持做自己，其独有的个性不会得到发展，为别人而活会让你身心疲惫。因而年轻人要学会走自己的路，不能盲目地跟着别人走。

伊夫林·格兰妮出生在苏格兰东北部的一个农场，从八岁时就开始学习钢琴，随着年龄的增长，她对音乐的热情却丝毫没有减少。但不幸的是，她的听力却随着年龄的增长而下降，医生告诉她，这是因为她的神经受到了某种不可恢复的损伤造成的，而且她的听力会越来越弱。可这并没有打消伊夫林·格兰妮对音乐的热情，她的目标是成为打击乐独奏家，然而当时并没有这类音乐家。

于是她向伦敦著名的皇家音乐学院提出了申请，但是因为听力的问题，一些老师反对接受她入学。但是她的演奏征服了所有的人。最后，她成为了世界上第一位女性打击乐独奏家。她说："从一开始我就决定，不能让其他人的观点阻挡我，我要坚持自己的梦想。"

如果太在意别人的看法，也许伊夫林就不会获得成功，音乐界也会少了一位伟大的女性。幸运的是，她是一个敢于坚持自我的人，没有由于他人的阻挠而屈服，因此她也是勇敢的。年轻人如果因为他人的看法而遏制自己的思维，那么势必会影响你的选择，无法完成自己最初的愿望。只有坚持走自己的路，才能获得不一样的成功。

有一千个人就有一千条路，每个人的人生轨迹都是不一样的，世上的路也不是走的人越多就越平坦越顺利。沿着别人的脚印走，不仅走不出新意，有时还可能会跌进陷阱。他人的想法不能成为你止步的原因。年轻人要追随你的热情和心灵，让最真实的声音带你去自己想去的地方。

你的命运只有自己才能主宰

路是一步步走出来的，人的每一步行动其实都在书写属于自己的历史。

——卡耐基

年轻人常常认为人生不可捉摸，是自己无法主宰的。在这种思想的引导下就会产生随波逐流的个性。其实，人的命运既不是不可捉摸的，也不是由别人主宰的，而是在你自己的手里握着。只有主宰自己的命运，才能成为人生的胜者。命运可以决定年轻人的一生，而主宰它的却是年轻人顽强的决心与永不放弃的意志。总之，挑战命运、改变命运需要年轻人付出 努力，就如同在打一场没有硝烟的持久战，只是这场战争的敌人是你自己。

某地发生水灾，一个虔诚的教徒因未及时转移而被洪水困住。这个虔诚的教徒相信自己的命运掌握在上帝手中，因此他在这紧急关头不是想办法自救，而是立刻向上帝祷告，求上帝救他。祷告完之后不久，来了一艘消防队的救生筏，但他不愿意上，而是对前来救他的警察说："我在等上帝来救我。"于是救生警察只好无奈地离开。

一个小时后，水已经淹到二楼了，他更加虔诚地上帝祷告："求上帝救我！水已经淹到二楼了。"祷告完不久来了军队派出的橡皮艇，要他赶快上来，但是他仍然坚持上帝会显灵来救他，于是他跟那个要救他的大兵说："我在等上帝来救我。"大兵无奈，也只好离去了。

又过了一个小时，水越涨越高，他只好爬到屋顶上去，仍然坚持向上帝祷告，祷告完之后，来了一架救援队派出的直升机，从飞机上抛下救生绳要他赶快上来，但他跟空中的大兵说："我在等上帝来救我。"

最后他被洪水淹没。死后来到天堂，他质问上帝说："为何我如此虔诚地信仰你，把我的命运交给你，而你却不来救我？"上帝却无辜地说"有啊！我派人救了你三次，但你每次都拒绝我的帮助。"

虔诚的教徒把自己的命运交给上帝主宰，但他却不懂得抓住机会，这个故事告诉年轻人，你才是自己命运的主宰者，一切要靠自己才能牢牢地掌握。年轻人要意识到，没有任何人能用他的意志主宰你，别太在乎他人对自己的评价，学会发现自己的优点，找到自己的目标，这样才能安排好自己的人生。当你能做到听从自己内心的安排时，就能获得无限的平静与成就感。

　　古希腊的思想家柏拉图两在千多年前就曾说过"命运是人生中的第一学问。"的确，在生活中年轻人，为自己的目标而努力，为理想而奋斗，其实都是试图改变自己的命运，让自己成为命运的主人。人的一生会经历很多坎坷，但年轻人要牢记"风雨之后见彩虹"的真理。在经历人生的"暴风雨"时，年轻人始终要与命运做抗争，不能听天由命，让自己像牛一样被命运牵着鼻子走，最后碌碌无为地度过一生。

　　年轻人的生活需要激情，需要不断地前进，改变被命运主宰的前途。要知道，命运从来不会因为你的怯懦、自暴自弃而改变对你的态度。因此，在挫折面前，年轻人应该像坚韧的荆条一样，坦然面对，但永不屈服，将自己生命的根深植于泥土中，这样才会经营出一个充实的人生。

挫折是独属于你的财富

　　我们若已接受最坏的，就再没有什么损失。

——卡耐基

　　《菜根谭》中提到："居逆境中，周身皆针贬药石，石氏节砺行而不觉；处顺境时，眼前尽兵刃戈矛，销膏糜骨而不知。"告诫年轻人，久居顺境，就容易产生骄奢淫逸和惰性，而挫折却能让人奋发向上。生活中，年轻人难免会承受一些打击，而面对挫折，你可以伤心，可以后悔，但你却不能不能丧失面对它的勇气。因为经历挫折并不是坏事，反而能给你带来成功，让你得到成长。因此，挫折对年轻人来说，是一笔独特的财富。

史泰龙是一位顶级的电影巨星，可他在成名前却经历了一番挫折。那一年，他穷困潦倒，身上所有的钱加起来都不够买一件像样的西服，可他仍坚持着自己心中的梦想，成为一名演员，成为大众认可的明星。

当时，史泰龙清楚地知道好莱坞共有多少家电影公司，他根据自己排好的名单顺序，带着自己量身订做的剧本去一一拜访。但第一遍下来，所有电影公司没有一家愿意聘用他。

第一次毛遂自荐却全军覆没，但他没有灰心，从最后一家拒绝他的电影公司出来之后，他又从第一家开始，继续他的第二轮拜访。在第二轮的拜访中，所有的电影公司依然拒绝了他。第三轮的拜访结果依然如此。当他咬着牙开始第四轮拜访时，终于有一家电影公司答应愿意让他留下剧本先看一看。

几天后，史泰龙接到通知，请他前去详细商谈。就在这次商谈中，这家电影公司决定投资开拍这部电影。这部电影就是《洛奇》。

这个故事启示我们：成功需要不断地经历挫折，忍受不了挫折便成就不了事业。

无论是坎坷还是挫折，年轻人如果一味地意志消沉是没有任何意义的，失落的心情也不会改变，雨打桃花，零落成泥碾作尘，不会因为人们的惋惜而重新回到树枝。因此，年轻人面对挫折须拥有一份坦然的心态，一份拼搏的勇气。挫折并不可怕，关键是你以什么样的态度面对。巴尔扎克把挫折比喻成石头："挫折就像一块石头，对弱者来说是绊脚石，使你停步不前，对强者来说却是垫脚石，它会让你站得更高。"年轻人要学会用正确的态度面对挫折，才能站得更高、看得更远。

儒勒·凡尔纳是19世纪法国著名的科幻小说家，他的作品不仅轰动了当时的法国，直到现在，依然大受好评。但是凡尔纳的成名也不是一帆风顺的，他的第一部作品《气球上的五星期》一连投了十五家出版社，全都遭遇了退稿，直到第十六次投稿才被一家出版社出版。

美国作家杰克·伦敦的第一部小说，也没有任何一家出版社愿意发表，以致他不得不去干体力活养活自己。后来他的《北方故事》由一家有眼力的出版社看中，才一举成名。

丹麦童话家安徒生的处女作问世后，曾经有人攻击他的出身，称他"作为一名鞋匠的儿子"，作品"别字连篇"、"不懂文法"、"不懂修辞"。但安徒生毫不气馁，笔耕不辍，终于成名，并成为一位伟大的童话作家。

生命的旋律离不开磨难，生活的智慧是挫折的不断积累。面对生活中的种种失意与挫折，年轻人必须学会客观地看待问题，积极调节自我的心态、练就能伸能屈，能进能退的功夫。挫折是人生最大的财富，它迫使人接受失败，给人带来教益和收获。那么，年轻人要在挫折中吸取智慧，在遇到挫折时就要学会冷静分析，找出受挫的真正原因，从而采取有效的补救措施，不在同一个地方犯同样的错误无疑是正确的选择。

年轻人还要认识到，恰恰是挫折才使你变得聪明和成熟，正是眼前的失败造就了未来的成功。要学会保持自信和乐观的态度，还要能容忍挫折，要心怀坦荡，充满信心地争取成功。一个有理想的年轻人，还应当适当锻炼自己承受压力的能力。在遇到挫折时，做到不气馁、不懈怠，而是勇敢地迎接挑战。

无论得失都要保持平常心

把握现在，不必哀悼过去，更不要忧愁未来。

——卡耐基

平常心是一种极高的境界，年轻人要做到不以物喜，不以己悲，就能体会到生活中那些细微的幸福。拥有一颗平常心，你就不会过度计较、算计他人，就能懂得平淡就是幸福。生活就像一望无际的大海，人便是大海上的一叶小舟。大海没有风平浪静的时候，所以，人也会体验到欢乐和忧愁。平常要求年轻人在生活中昂首挺胸，无所畏惧，用一颗淡泊之心对待生活。

酷暑，院子里的草枯了一大片，很影响视觉。阿花看不过去，对父亲说："父亲，快撒点种子吧！"

父亲说："不着急。"

种子到手了，父亲对阿花说："去种吧。"不料，阿花刚撒下种子，就吹来一阵风，吹走了不少种子。

阿花着急地对父亲说："父亲，好多种子都被吹飞了。"

父亲说："没关系，吹走的净是空的，撒下去也发不了芽，随意好了。"

这时又飞来几只小鸟，在土里一阵刨食。阿花急着把小鸟赶走，然后向父亲报告说："糟了，种子都被鸟吃了。"

父亲说："急什么，种子多着呢，吃不完。"

半夜，一阵狂风暴雨。阿花来到父亲房间对父亲说："这下全完了，种子都被雨水冲走了。"父亲却说："冲就冲吧，冲到哪儿都能发芽。"

十几天过去了，那些光秃秃的地上长出了一丝绿色，连没有播种到的地方也有绿色探出了头。阿花高兴地说："父亲，快来看呐，都长出来了。"父亲却依然平静地说："不必太在意，别为不发芽的种子难过。你看，这不都长出来了吗？"

人一丝不挂地来到这个世界，又赤手空拳地离去，那么又何必为人生中的得失而气恼呢？年轻人要学会面对"失去"，从"失去"中收获另一种人生。人从幼稚走向成熟，从贪婪走向博大，总会失去一些，才能得到一些。就好比一个空间有限的储物柜，不能无止境地往里放东西，必须得放弃一些才能容纳新的事物。

一个年轻人问一位智者："大师，你悟道修行、修身养性有什么秘诀吗？"

智者答道："有。"

"那么你的秘诀是什么呢？"年轻人继续问道。

智者答："我饿的时候就吃饭，累的时候就睡觉。"

"可是，这算什么秘诀呢？每个人都是这样生活的啊。"

智者答："当然是不一样的！他们吃饭时总是想着别的事情，不专心吃饭；睡觉时总是做梦，睡不安稳。而我吃饭就是吃饭，睡觉也从来不做梦，所以睡得安稳。这就是我与众不同的地方。"

智者继续说道："世人很难做到一心一用，习惯了在利害得失中穿梭，无法用一颗平常心对待生活，于是就会产生'种种思量'和'妄想'。他们在生命的表层停滞，这也是他们人生中最大的障碍，失去了'平常心'就会在利益中迷失自己。要知道，只有将心灵适当地放空，用心去感受生命，才能体验到生活的真谛。"

大师的话告诉年轻人，心无杂念才是真正的平常心。要达到这种境界需要修行，需要磨炼。一旦做到，就能在任何场合中，保持最佳的心态，充分发挥自己的能力，施展自己的才华，从而经营出最完美的"自我"。

人的一生中，需要经历的事情实在太多，常常会为一些小事感叹自己遭遇了多少不如意、不顺心。工作中的困扰、家庭的琐碎和人际交往中的矛盾等等，这些都需要年轻人自己处理。然而，在这么多的烦心事面前，年轻人若能保持一颗平常心，烦恼就会迎刃而解，烟消云散。那么，年轻人如何才能保持平常心呢？

要拥有一颗平常心，年轻人必须坚定自己的价值观念，在诱惑面前保持理智的头脑，经受住考验。每个人的生命中都有一条通向远方的路，虽然崎岖却也充满希望，但并不是人人都能顺利地踏上这条路，去到自己理想中的远方。因为总有人因为鞋里的沙子而半途而废。所以，年轻人要保持平常心，就要常常与自己的心沟通，与自己交流你才能做到冷静和自信地面对烦恼，便可以平静地处理问题，才能有美好的心情和灿烂的未来！

第八课

机遇，只为有备而来的人

人生得失的关键在于机遇；抓住机遇，哪怕只比别人早一星半点，也能收获更多。，学会高效能的做事方法，又是抓住机遇的关键。年轻人要懂得，即便自己拥有过人的天赋，也要主动去寻找机遇，需要决定时果断下手，才不会让机遇悄悄溜走。抓住机遇，还要具备细心的品质，这样才能在千头万绪中分辨出哪些是真正的机遇，并牢牢抓住它。

年轻人还要对身边的事物有自己的想法和见解，经历得越多，你的阅历就越丰富，也更容易分辨出机遇。年轻人还需要培养一些良好的习惯，才不会在机遇降临时茫然无措。要有自信，要相信自己，拒绝『不可能』。遭遇机遇的时候，还要脚踏实地地付诸行动，让机遇变成实实在在的成绩。

机遇让你遭遇人生的岔路口

当机会呈现在眼前时，若能牢牢掌握，十之八九都可以获得成功；而能克服偶发事件，并且替自己找寻机会的人，更可以百分之百获得胜利。

——卡耐基

年轻人的生命中会遭遇无数次的选择，每一个选择就好比一条人生的岔路口。对年轻人来说，有选择是件好事，因为这意味着你的人生存在无限可能；但同时也是一件头疼的事，因为每一个选择的机会都是无法挽回的。一旦错过机遇或者做出错误的选择，你的人生也许就会滑入另一个轨道。

人生的得失关键在于机遇。年轻人只知道埋头苦干未必就能功成名就，一个好的机遇能起到事半功倍的效果。在人生的道路上，如果能够一马当先，抓住机遇，哪怕只比别人早一星半点，也能比别人收获更多。因此，对年轻人来说，善于把握机遇是极为重要的。

一个黑皮肤的小女孩坐在一大堆旧鞋当中，她心不在焉地修理着脏兮兮的鞋子，这是她的工作。不停地重复这同一个动作：用针扎，然后放在修鞋机上面，用线穿透破烂的地方。这样机械的工作，使得她的神经有些麻木，但为了糊口她选择了坚持。

小女孩有一个爱好，喜欢画画，她想成为一名艺术家。但捉襟见肘的家庭，使得她暂时搁置了这份梦想。有时候，她会在皮鞋的底部画画，这可是件充满乐趣的事情，她曾经在整个皮鞋底画满了画。直到有一天，师傅发现了小女孩的爱好，他十分恼火地说："你简直是在砸我们的饭碗，客人的鞋可不是用来当你的画板的。"

可是奇迹出现了。一天，一位绅士拿着鞋子找了过来，他的鞋底上画着一对张开的翅膀。

"这是你的恶作剧吗？"绅士先生问小女孩。

小女孩点头称是，同时低下头希望他能够谅解自己。

师傅在旁边点头哈腰着："先生，请您一定不要和一个孩子过不去。"

"不，她简直是个天才，如果她一直在皮鞋底画画的话，我相信有一天，她能够成为一名了不起的画家的。"

小女孩惊恐地望着那位绅士，她不知道他的话是什么意思。

"你愿意去我的学校吗？我是一名艺术老师，你不必考虑费用问题，我愿意支付你的一切费用。"

小女孩听后高兴极了，她紧紧地抓住这个机会，成为了绅士的学生。果然，她不负众望，在绅士的众多学生当中脱颖而出，最终成为当地首屈一指的艺术大家。她就是沙特阿拉伯的卢拉。

机遇只给有准备的人，如果卢拉在艰难的生活中放弃了自己的梦想，那么她就不会等来绅士给予的机会。在现实生活中，机遇的出现和存在是不稳定的，每一个年轻人都不是幸运之神的宠儿，要想做出一番成就，就要学会给自己创造机遇。

机遇的出现既出人预料，又在情理之中。世界上并没有固定的模式和准则指导年轻人如何抓住机遇，但过人的洞察力和判断力无疑是必不可少的。有一个这样的小故事：三个人一起出去散步，其中一个人忽然发现路上有一枚闪闪发光的金币，他高兴得眼神都凝固了！几乎在同时，另一个人也大叫起来："金币"。话音未落，第三个人已经弯下腰把金币捡到了自己手里。因此，可以说面对机遇，年轻人要眼疾手快，否则就只能眼巴巴地看着机遇消失。

在机会面前，每个人都是平等的，年轻人身边从来都不缺少机会。但问题是，弱者是等待机会，强者却懂得把握机会，智者则会制造机会。站起来的次数比跌倒的次数多一次，你就是强者，如果你改变不了生命的长度，那就去尝试改变生活的浓度。

年轻人别以为机遇是一个客人，它随时会出现在你门前敲门，等待你开门迎接它进来。恰恰相反，机会是无法捉摸的，它无影无形，无声无息。假如你想要经营好人生，让生命更有重量，就要懂得努力去寻求它，成为一个善于抓住机遇的有心人。

有备无患，每一天都提前做好计划

如果在竞争中，你输了，那么你输在时间；反之，你赢了，也赢在时间。

——卡耐基

在平淡的生活中，年轻人无法避免地要处理各种琐事、杂事，如果不事先安排好自己的生活，为自己制定了一个有效可行的计划，就会被琐事弄得筋疲力尽、心烦意乱。年轻人要抓住机遇，就要有条不紊地安排自己的生活，否则在你手忙脚乱之间，机遇已经悄然溜走，等你回过身来，只能空留一声叹息。

也许你常常有这样的烦恼，每天忙个不停，累得晕头转向，却又不知道自己到底在忙什么。这就是对人生，对生活缺乏规划的后果。如果你想要改变这种"无头苍蝇"似的生活状态，就要学会掌握高效能的做事方法。人的精力是有限的，而工作和琐事却是永远无法做完的。那些事情应该做，那些事情不应该做，那些事情可以推迟做……

都需要年轻人定制一种合理的统筹方法，那么给自己准备一个备忘录就成了当务之急。准备一个小本子吧，把每天要做的事情一一列出，可以为你带来很多好处。

纽约的中央火车站是人口流量最密集的地方，这里的问讯处可能是美国最繁忙的地方了。这里每天都人潮拥挤，匆匆而行的顾客争抢着询问各种问题，并且都希望自己的问题能够立刻获得答案。这对问讯处的服务人员来说，紧张和压力简直让他们感到崩溃。

然而，有一位服务人员却是个例外。他能保持镇定自若地面对混乱的旅客。当一位瘦高个的妇女问他问题时，他认真地给予解答，对旁边试图插话的旅客却完全无视。这个妇女的问题解答完毕后，他就将注意力集中在下一位顾客身上。

有人问他："能否告诉我，您是如何在这个喧闹的地方保持冷静的呢?"那个出色的服务人员回答："我并不认为我是在跟一大群旅客打交道，我只是简单地回答每一位旅客，忙完一位，就轮到下一位。在一整天里，我每一次只解答一位旅客的问题。"

这个故事的真正含义在于，有些年轻人的工作效率低，而且自己还忙得焦头烂额，疲惫不堪，只是因为他们没有掌握一个简单的工作方法，就是那位服务员的方法："一次只解决一件事。"如果你试图同时完成很多事，试图用过着个办法来提高自己的效率，那么结果可能会适得其反。

年轻人要学会把重要的事情摆在第一位，一次只解决一件事，如果有很多事情混杂在一起，就要先理清头绪，找出最重要的事情。不能胡子眉毛一把抓、不分轻重缓急地去做事。法国哲学家布莱斯·巴斯卡说："懂得什么应该放在第一位，是最难得的事情。"事实上，许多年轻人不知道要把生活中的事情按重要性排列，这也是让自己处于混乱的根本。

伯利恒钢铁公司的总裁舒瓦普对公司员工的工作效率并不是太满意，于是他找到效率专家艾维利，希望在他的指导下能提高员工的效率。艾维利说："我给你一样东西，这个东西至少能使你的员工提高50％的工作效率。"然而他递给舒瓦普的却是一张白纸。

他说："你在这张纸上写下你明天要做的最重要的事情。"舒瓦普照做了。

艾维利接着说："现在，你将每件要做的事，用数字标出先后顺序。"

在舒瓦普做好之后，艾维利又说："明天你到公司后，先做上面最重要的那件事，对其他的事情要'视而不见'。当你完成一件事后，再用同样的方法做第二件事，直到你下班为止。"

舒瓦普同意了，艾维利接着说："你从明天起，每天都这样做。当你认可这个方法的时候，可以在你的员工当中推广，让他们也按这个方法去完成工作，相信这能满足你的心愿。"

如果你想提高自己的办事效率，不放过任何有利于自己的机遇，可以尝试把每天自己要做的重要的工作，或者领导交办的事情和自己的想法等等，逐条记录下来。这样事情的轻重缓急就一目了然了。按这个计划去做事，你的工作就会变得有条理，并且不容易出差错。

机遇要伸手才能抓住

乘着顺风，就该扯篷。

——卡耐基

机遇对每个年轻人来说，就好比凤毛麟角的珍贵物品，不会常常出现在生活中。聪明人能从琐碎的小事中发现机遇。在他们看来，自己所遇到的每一个人，每一个生活的场景，都能一个机遇，都是增加自己的知识储备，都会给自己注入新的能量。而对于那些粗心大意的人来说，即使把机遇放在眼前，他们也不会有任何反应。年轻人要懂得，即便自己拥有过人的天赋，也要懂得主动去抓住机遇的手，否则成功就会变成"彼岸花"，只可观望，不可触摸。

塞西尔是一个艺术中心的销售代表，这里的艺术品动辄五六百万一件，因此销量并不是很大，但塞西尔却总能取得不错的成绩。

那天，许多人来参观塞西尔所在的艺术中心，销售代表们个个摩拳擦掌，准备为自己的业绩添点光彩。他们的观察能力都很强，只需要瞧瞧来者的私家车，再瞅瞅来者的穿着，就大概猜到对方的经济实力了。参观团来时，销售代表都抢着去接待他们认为的潜在客户，而一位中年男士却被晾在了一边，他是坐公交车来的，而且也没有其他客户身上那种咄咄逼人的气势。

塞西尔正准备接待一位开私家车来的客户，忽然一个细节吸引了他，那位男士在不经意中看了看手表。正是这个细小的行为，令塞西尔立刻改变了主意，转而和那位男士开始交谈起来，并且把最好的一套艺术品介绍给他。

这笔生意做得出奇的顺利，男士爽快地签下了合同，上百万元的购物款没几天就悉数到账了。这位男士是这批参观团中唯一出手的客户，塞西尔顺利拿到了三万元的提成奖，这让其他销售代表羡慕不已。

"他无非是看了看表，你怎么就知道他会买呢？"有同事好奇地问塞西尔。"他戴的是最新款的欧米茄贵族表，这款表价格至少在六位数以上，这足以说明他的经济实力远大于那些开着私家车来的客户。事实证明我没有猜错，他有一辆奔驰跑车，只是当天出了点小故障，他才坐车来的。"塞西尔说。

"你运气可真好。"同事羡慕地说。"机会对大家都是平等的，只是我抓住了。当然，我也为此付出了很多心血。为了能更好地了解客户，我在业余时间看了无数杂志，浏览了许多时尚网站才记住了几乎所有奢侈品的式样和价格。如果没有平时的积累，即使那块表摆在我的面前，我也认不出来啊!"塞西尔感慨地说。

俗话说：人生的得失关键在于是否能抓住机遇。快跑的未必能赢，力量大的未必胜。一生活中，年轻人有时会感叹命运的不公，感叹为何别人头上都是明媚的阳光，而自己头上却总是乌云密布。但事实真的是这样吗? 显然不是。没有人能永远一帆风顺，上帝对待每一个人都是公平的，在给予别人机遇的同时，也在给予你同样的机遇。但是那些懂得经营人生的人往往能在机遇出现的刹那，就能意识到并将其抓在手中；而那些埋怨命运不公的人往往会让机遇从眼前溜走却不懂得好好利用。

成功需要很多条件，诸葛亮曾经说"万事俱备只欠东风"，这里的东风其实就是机遇。这也说明，成功需要天时、地利，而机遇则是成功的关键。其实，每个年轻人都有机会取得成功，之所以变得平庸不是没有能力，也不是不愿为理想付出努力，而是缺乏抓住机遇的能力。要知道"机不可失，失不再来"，只有主动抓住机会的人，才能成就大事。当机会出现的时候，年轻人就要当机立断，不能瞻前顾后，否则宝贵的机会从身边迅速溜走。

做决定时要果断

一个人是否具备果断的素质，是他在人生道路上是否减少坎坷，获得成功的关键一步，果断可以说是人生的一张关键王牌。

——卡耐基

年轻人经营人生最重要的一点，就是做事要果断。一个能当机立断的人通常也是一个反应敏锐、头脑聪慧的人，这样才能更好地握时机，抓住生活给予自己的机会。年轻人遇事要果断，但也要把握好分寸，否则就会变成武断。果断是充分发挥自己的才智，全面地思考后，坚定地做出决定，并对事情的利弊有自己的判断，能预料到事情的发展走向，从而迅速地付诸行动。

生活中，年轻人之所以在面临选择时会犹豫，也许是因为太谨慎，或者太感性。害怕自己做出的决定会牵扯到自己意料之外的方方面面，连累身边的人或同事，甚至是担心自己失去一些东西。优柔寡断的人对一切都追求完美，舍不得放弃自己手里拥有的一切，这也想要，那也想要，难以做出取舍。要知道，鱼和熊掌不可兼得，机会一旦失去就再也不会回来。因此，年轻人做决定一定要果断。

青蛙住在池塘边，每天都饱受风吹日晒之苦，他很想搬家，可是不知道搬哪儿去。

一天，蜻蜓和蚂蚁千里迢迢从森林里走出来看青蛙。蜻蜓说：前边的小山坡是个好地方。有鲜花、野果，还有一条清澈的小溪……风景很漂亮哦！"

蚂蚁说："蜜蜂、蚯蚓、蝴蝶它们都住在小山坡呢，蜜蜂采蜜，蚯蚓翻松泥土……大家生活得快活又充实，青蛙你也搬到这里去吧"。

青蛙送走了蜻蜓和蚂蚁，他也动起了搬家的心思，想到小山坡去住。这么一想他心里很兴奋，于是打定主意要搬家。过了两天，蜜蜂听说青蛙要搬家，就过来帮忙。青蛙看看天上热辣的太阳，有些犹豫地说："今天我不能搬家，阳光太强烈，我会被晒伤的。"

又过了几天。蝴蝶听说青蛙要搬家，也跑过来帮忙。青蛙看看外面刮着的大风，就对蝴蝶说："今天我不能搬家，我的细皮嫩肉可禁不起风吹雨打！"

又过了几天。蜗牛也来帮青蛙搬家。青蛙看看外面下着的蒙蒙细雨，就对蜗牛说：今天我也不能搬家，外面太潮湿，那小山坡我爬不上去。"

从此以后，青蛙的那些朋友们再也不来帮青蛙搬家了。青蛙依旧住在水池边，每天都饱受风吹日晒之苦。

青蛙的犹豫不决使他最终也没有搬家成功，而是继续忍受风吹日晒。虽然只是一个故事，但很多年轻人也有青蛙的习惯，当机会来临时总是犹豫不定，害怕改变，最后一事无成。年轻人要想获得成功，就要善于抓住对自己有利的时机，果断作出决策。成大事者，办事就不能像打太极拳一般慢悠悠。

在工作中，如果领导做事不坚决果断，就会给员工一种懦弱无能的感觉。在关键时刻，年轻人若能果断地做出正确的决断，那么你就会在团队中产生一定的感召力和影响力，甚至会改变你留给他人的印象。倘若你平时高谈阔论，似乎自己无所不知，但一到关键时刻却扭捏起来，这样只会让周围的人认为你在吹牛。因此年轻人遇事坚决果断，勇于当先，这不仅是增加自己魅力的一个重要因素，也是最能赢得其他人赞赏与信赖的方式。

果断的性格是可以培养的，年轻人要想改掉遇事犹豫的习惯，就要在日常生活中锻炼自己。在决定某件事情之前，你应该对这件事的各方面的情况有所了解，然后理智、慎重地思考，让自己对将要发生的事情有心理准备。一旦做好了准备，就要果断决定，并且在作出决定后不能反悔。学会在做决定时抛开那些老套的思想和陈旧的规则，这些都是阻挡你果断决定的条条框框。要知道，无论你选择什么都不会有错，只是不同的选择会有不同的结果而已。所以，年轻人在面临选择时，绝不要用正确或错误来形容自己的决定。

当然，果断也不是让年轻人贸然做出决定。果断就是要凡事三思而后行，要注意细节，在关键时刻能沉住气，并且快速地做出最好的反应。年轻人要明白，生活有时就是一场战斗，要多点果断，少点犹豫，才能打好生活这场没有硝烟的战争。

细心让你更能受到机遇的垂青

一个不注意小事情的人，永远不会成就大事业；一个不注重细节的人，永远不会走向成功。

——卡耐基

"细节决定人生。"年轻人要想经营好完美人生，就得从小事做起，对生活中的每个细节都多留一个"心眼"。俗话说"多一份细心，多一分机遇"。很多时候，其实并不是机遇没有降临到你身上，而是机遇在你的粗心中悄然逝去。

年轻人往往只想做大事，而不愿意对那些不起眼的小事多一份关注。要知道想做大事的人有很多，而愿意把小事做好的人却太少。事实上，随着社会分工越来越精细，专业化的程度也越来越高，真正所谓的大事实在太少。一台汽车有上千个零件，要几十家工厂共同生产协作；一辆福特牌小汽车，有上万个零件；一架"波音747"飞机，则有450万个零件，需上百家工厂同时合作。真正的大事不是一蹴而就的，而是在细节中积累起来的。

艾拉在大学期间学的是会计专业，因此，她希望能找到一份与之相关的工作。于是圣诞节刚过，艾拉就辞去了这份收银的工作，想找一家更适合自己的公司。

幸运的是，艾拉很快就找到了一家满意的公司，并轻松地通过了第一轮测试，和十位求职者同时进入了第二轮测试。可第二轮测试什么时候、在什么地方进行，招聘方却迟迟没有通知。艾拉和其他的应聘者都很焦急地等待着通知。

期间，招聘方有人找过艾拉，并给了艾拉50美元让她去商店购买一些办公用品，以备参加第二轮面试使用。然而，艾拉一眼就发现，对方给自己的这张50美元是假币，出于职业习惯，艾拉当即指了出来，并予以拒收。对方见艾拉认真的样子，意味深长地笑了笑，没再说什么。

几天后，招聘公司打来电话，告诉她已经通过了第二轮测试，并让她去公司参加最后一次测试。原来，那次招聘方是故意给的假币，用这个方法来检测应聘者的职业素质。得知这件事的原委之后，艾拉很紧张，她不知道还有什么无法预知的事情会出现。

这次测试的地点在公司的会客厅，艾拉和其他的求职者在屋外等候，等叫到自己的名字了才进去面试。

轮到艾拉了。她忐忑不安地进了屋，在主考官面前坐下。主考官说："你以前做过收银是吗？那么请你说出不同面值的美元后各是什么图案？"这个问题出乎意料，虽然很简单，但却极容易被忽略。还好艾拉比较细心，对生活中的一些小事很留意，于是，她充满信心地回答了面试官的问题。

结果不出艾拉的意料，她被录用了。在所有参加面试的人里，竟只有艾拉一人完美地回答了面试官的问题。艾拉成功了，她用细心为自己赢来了职场生涯里的新起点。

很多人未曾触摸到成功，其实是输在了一些微乎其微的细节上。细节决定年轻人一生的成败并不是危言耸听，而是实实在在的道理。

细节是茫茫大海中一滴晶莹的水珠，是沙漠中一粒普通的沙子。细节有时只是一个微笑、一个手势，年轻人难免会忽略掉这些具有决定性的细节，这就考验你有没有一颗细致的心。从细节中能以小见大，细节能起到"四两拨千斤"的效果。如果做到这些，在不经意间，也许你就朝成功迈进一步。

生活中，不注重细节、不把小事当回事的人，在工作时也往往缺乏认真的态度，也常常敷衍了事。这样就无法在工作或生活中发现机遇；而那些注重细节，不管事情大小都能细心对待的人，不仅能认真地对待工作，将小事做好，并且能在细节中发现到机会，从而使自己走上成功之路。

丰富的阅历让你更能抓住机遇

人生在世，总有需要立即应付的困难和问题，只有那些能够当机立断，勇于担负起责任的男女，对于任何危急的局面，都可以应付自如。

——卡耐基

阅历是一个比较抽象的词，从字面上理解，阅历就是自己经历过的事情。但是那些你曾亲眼见过或者听说过，或亲自做过的事情，只能被称为经历；当你根据自己的所见所闻，融入自己的思考与理解之后，加上自己的思考与理解，才能称为阅历。可以说，使人成熟的是阅历，而不是时间。

每个人每天都会经历一些事情，并且会对所发生的事情进行思考。通过长时间的积累，对一些问题的看法就由浅入深，由表及里，这时年轻人对身边的事物就会有自己的想法和见解。经历得越多，你的阅历就越丰富。阅历是年轻人宝贵的财富，它无法从教科书中得到，也不是只要刻苦就能够练出来的。阅历是年轻人在社会上行走所必须具备的知识，有了丰富的阅历你才能先人一步发现有利于自己的机遇；而那些缺少阅历的人，在遇到一些没经历过的事情之后就会不知所措，不能成熟地面对。

王永庆被誉为台湾的"经营之神"，他的创业历程给年轻人留下宝贵的启示。王永庆十几岁的时候，就出去干活挣钱，因为要养活自己。他从米店的学徒，成为"世界500强"之一的企业家，这与他丰富的人生阅历有密切的关系。

足够的阅历让他敏锐地预测到机遇的到来，从而领先于别人。少年时期的王永庆一边打工，一边细心地观察和思考，丰富的人生经验为他以后的成功打下了基础。他给客户送米时先观察这家有几口人，男女老少分别有几口人，每天大约吃多少米，然后估算着什么时候要添新米。等这家人米差不多吃完，还没有顾得上去买时，王永庆已经把米送到家门口了。

王永庆给人送米还有一个特点，他并不是一丢下米袋就收钱走人。他还会把米送到对方的储物间，把米缸里剩下的旧米清出来，把新米倒进去。王永庆这个细心的举动，让凡是在他的米店买过米的人，都成了他的固定客户了，不会再购买别家的米了。

就是这份细心让王永庆积累了丰富的人生阅历，也为他的成功打下来坚实的基础。王永庆曾经说：人生如赌局，没有所谓的正确或错误的方法。更多时候，你要根据自己的社会经验做出选择。

俗话说"观念决定思路，思路决定出路"。年轻人能做出什么成就，能走到什么样的高度，关键在于你自己。丰富的社会阅历能让你比别人更能了解什么是机遇，能分辨出那些机遇能让自己变得更好，从而在机遇出没的地方耐心等待，最终能出人头地，做出一番事业。

年轻人在社会生存中就需要学会自己对事物做出判断，那么就要在生活中积累一些阅历，但阅历的积累是不能强求的，只能在时间的带领下循序渐进。要积累阅历，年轻人就要在踏入社会后学会做好自己的本职工作，这也是年轻人最基本的责任。在这个阶段积累阅历，主要是锻炼你对事物的思考能力。因此，这时的你不要为待遇的高低而计较。在能够维持正常生活的前提下，选一个自己喜欢的工作，挑一个有利于发挥自己特长的行业，扎实地练好"基本功"才能进一步。

人际关系对年轻人阅历的积累也有一定的帮助，俗话说"读万卷书不如行万里路，行万里路不如阅人无数"。良好的人际关系能为年轻人以后的人生拓展道路。会做人，才能做大事。年轻人可以没有高收入，但如果你在待人接物时，能给人一种大方、热情的印象，这样你当你在生活中遇到困难时，就一会有很多人愿意拉你一把。当然，良好的人际关系还能为你带来更多的信息量，让你能从中发现机遇。丰富的阅历，是年轻人的无价之宝。有了丰富的阅历，机遇自然会和你不期而遇，成为你经营人生的得力工具。

好习惯使成功水到渠成

习惯不加以抑制，不久它就会变成你生活上的必需品了。

——卡耐基

美国著名教育家曼恩曾经这样说："习惯像一根缆绳，每天都要给它缠上一股新的绳索，这样坚持下去，它才能变得牢不可破。"习惯是把双刃剑，好的习惯让年轻人受益终生，而坏习惯却往往使人如深陷泥潭般痛苦。习惯具有强大的力量，它可以直接影响年轻人的命运。因此，年轻人要经营人生，就要抛弃坏习惯，在好习惯的带领下走向成功。

有一位非常有钱的贵妇想找一个仆人服侍自己的日常生活，但她是一个脾气古怪的人，因此找了很长时间也没有遇到满意的人选。她对来将要跟自己一起生活的人有一个特殊的要求，就是为人必须诚实正直。贵妇最终从众多的人中挑选了四个漂亮的女孩参加最后的面试。她提前准备了一间房子，让她们轮流进去，面试的内容就是在里面的椅子上安静坐一会儿。

第一个进来的女孩看见桌子上放着一个盒子。她很好奇，不知道那是什么，于是她打开了盒子，没有想到里面放着满满一箱羽毛，打开之后羽毛们飘得到处都是。她只好满脸通红地低着头出来了。

第二个女孩一进去就被一盘熟透的樱桃吸引了，禁不住就拿起一个放进嘴里，可让她想不到的是，樱桃的外面涂了辣椒。她也只好灰溜溜地走出来。第三个女孩呢，看到桌子上有个抽屉没有锁，就想拉开那个抽屉，看看放了什么东西。结果她的手刚触到抽屉把手，就响起一阵急促的铃声……就这样，前三个女孩的面试都失败了。

最后进入房间的女孩叫作黛茜，只有她安静地在房间的椅子上老实地坐了一会，无论是桌上的盒子，还是抽屉，她都没有碰。黛茜出来后，贵妇微笑着点点头，满意地告诉她被录取了。贵妇问黛茜："屋里那么多东西，难道你不想搬弄一下吗？"

黛茜诚实地回答说："不，夫人。在没有得到您的允许之前我是不会动房子里的任何东西的。"后来，黛茜一直服侍着贵妇，老人去世时留给她一笔遗产，她也就过着充实富裕的生活。

黛茜的故事告诉年轻人一个重要的道理：好的习惯能改变一个人的人生。一旦养成，便可终生受益。习惯是在生活中养成的一种稳定的行为方式，是在常年累月的积累下养成的。习惯起源于一些看似不经意的小事，而其中却蕴含了足以改变命运的能量。

年轻人的知识和能力固然重要，但是一些好习惯就好比能让你飞翔的翅膀，在不经意间就能助你一臂之力。习惯是在一点一滴逐渐养成的，也是无法轻易改变的。美国心理学家威廉·詹姆斯是这样对习惯做注释的："种下一种行为，收获一种习惯；种下一种习惯，收获一种性格；种下一种性格，收获一种命运。"间接地说，习惯决定命运。

习惯是由重复的思想行为形成的，它具有很强的惯性，像转动的车轮一样，无论习惯的好坏，年轻人都会不由自主地启动自己的习惯。然而，好习惯是养成的，经过有目的、有计划的训练可以让你养成好习惯。

要养成一个好习惯，年轻人首先就要懂得习惯的重要性，这样才会有培养好习惯的愿望。其次，要对所培养的习惯进行分析。从某种意义说，改变一个坏习惯，培养一个好习惯是很艰难的事情。因此，对习惯的可行性分析是很重要，它能帮助年轻人用理智和科学的态度对待，而是不是头脑一热，想到什么就做什么，结果却总是半途而废。

一个好的行为习惯，能让年轻人受益匪浅。那么，从现在开始，试着改变自己的坏毛病，让好习惯带领你走向成功吧！

别让"不可能"蒙蔽了双眼

只要你深信自己做的是对的，就不要让任何事情拖累你。世上的丰功伟业无不是对抗"不可能"的结果。重要的是不计困难，完成工作。

——卡耐基

美国心理专家莎莉·肯普顿说："要战胜已经在你大脑里安营扎寨的敌人是很艰难的。"年轻人也许会感到迷惑，"大脑里的敌人"会是谁。其实，每个人心里都有一个敌人，那就是"缺乏信心的自我"。年轻人要有挑战精神，敢于对挑战那些传说中"不可能"的事情，别被"不可能"阻挡了你迈向成功的脚步。

非洲北部有一个偏僻的村庄，这里临近太平洋，北边是阿塔卡马沙漠。特殊的地理环境，使太平洋冷湿气流与沙漠上的高温气流交融，形成了常年多雾的景象。可浓雾却丝毫无法为这片干涸的土地带来生气，因为白天强烈的阳光会使浓雾迅速蒸发殆尽。这片广袤的土地始终看不到一丝绿色，当地人已经对这片土地失去了信心，认为这里永远都不可能出现绿色了。

一次偶然的机会，加拿大一位物理学家来到这里，偶然之间他发现一个奇特的想象——这里蛛网密布。这个现象说明蜘蛛在这里繁衍得很好。可为什么只有蜘蛛能在如此干旱的环境里生存下来呢？罗伯特把目光锁在这些蜘蛛网上，借助电子显微镜，他发现这些蜘蛛丝具有很强的亲水性，极易吸收雾气中的水分。而这些水分，正是使蜘蛛在这片沙漠里得以生存的关键。

罗伯特打算模仿蜘蛛，发明一种人造"蛛丝"帮村民取水。可村民却觉得这简直是痴人说梦。然而罗伯特最终还是研制出了"蛛丝"，一种人造纤维网。在一天当中雾气最浓的时间将这种纤维网排成网阵。这样就能拦截到雾气，形成水滴，这些水滴就能汇聚成新的水源。

如今，这种人造蜘蛛网平均每天可截水一万升，不仅满足了当地居民的生活之需，而且还可以灌溉土地。这里已经长出了百年不见的鲜花和青绿的蔬菜。

在这个世界上，从来没有真正的不可能。人生中，没有什么比完成别人口中"不可能"的事情更开心了。人生的一大乐趣就是把别人口中的"不可能"变成可能，把那些别人认为你做不到的事，变成事实。

年轻人要勇于突破障碍，活出自己的梦想，机遇永远都不曾远离你，只要你对自己拥有信心，人即使在在"众叛亲离"的时候，也要依然坚持自己的信念。一旦退缩，就永远迈不出成功的脚步！因此你要学会去掉"不可能"的思想，相信凡事都有可能，别给自己设"圈套"。

高斯是著名的数学家，他有"数学王子"的美誉。有一次，他在数学课上睡着了，下课铃响了，他才醒过来，抬头看见黑板上的一道题目，以为是当天的家庭作业。回家后，他埋头演算，却一直算不出来，但他始终不相信自己算不出来。终于，当答案带到课堂上时，老师却一副瞠目结舌的表情。原来那是一道被公认为无解的数学题。

在麻醉药发明之前，医生坚信无痛手术是不可能的；在原子弹发明之前，科学家相信原子是不可能分裂的，原子弹的构想根本是痴人说梦。在蒸汽机发明之前，就有人曾挖苦富尔顿："你有没有搞错，先生？你要在甲板下生火，让船乘风破浪地航行？"但富尔顿不但实现了目标，还发明了蒸汽机。

一切不可能都会变成可能，只要你付出行动。如果你固执地认为某件事是不可能的，那么你在付出行动时自然就不会抱太大希望，最后必然不会得到出乎意料之外的结果。在现实生活中，当一件事被认为是不可能时，人们总是能为"不可能"找到 N 多理由，从而使这些"不可能"显得无比理所当然。

其实，一件事是否"能"，完全取决于你的信心。在年轻人的身边，经常会听到这样善意的劝告"你不可能做到"，而你也往往信以为真。这些声音也许出自父母之口，也许出自师长的告诫，也可能是你周围的同事、朋友，甚至你自己。当他们对你说"做人要实际一点"的时候，他们的话常常会勾起你内心的恐惧与不安，使你失去尝试的信心，最终你的生活变得千篇一律。年轻人坚信你的信念吧，用行动去实践，一切才皆有可能！

相信自己，你就一定会做到

朝着一定目标走去是"志"，一鼓作气中途绝不停止是"气"，两者合起来就是"志气"。一切事业的成败都取决于此。

——卡耐基

五彩斑斓的花蝴蝶在花丛中翩翩起舞，愉快地飞翔，因为她知道，自己曾经体验过破茧而出的艰难；蜜蜂勤劳地工作着，快乐地享受着蜂蜜，但只有花儿知道，他们是如何早出晚归；小小的蜗牛爬在葡萄藤边，心满意足地享受着甜蜜的果实，只有黄鹂看见了他们走过的痕迹。他们的生命有太多的坎坷，但他们相信自己，只要敢于拼搏，就一定会有收获。

机遇不会从天而降，需要年轻人持续不断地提高自己，让自己变得更完善，这样才能在机遇降临的时候牢牢把握。年轻人有时会被世俗的力量打消了尝试的勇气，缺少对自己的那份自信。不过，年轻人不能因为别人的目光而受到冲击，要相信自己"我能行"。

伊夫·洛列创办的化妆品公司，是法国屈指可数的化妆品企业，也是唯一能与法国最大的化妆品公司"劳雷阿尔"相抗衡的企业。伊夫·洛列的创业经历是一个传奇。1958 年的法国，当时的人们认为用植物和花卉制造的美容品毫无前途，没有任何人愿意在这方面花心思。而洛列却对此产生了兴趣，他相信自己能用花和植物发明一种特殊的化妆品，并能获得大众的认可。

当他从一位年迈的女医师那里得到了一种专治痔疮的特效药膏配方时，他忽然冒出了一个新奇的想法——根据这个药方用植物研制出一种香脂，并开始挨门挨户地去推销这种产品。一天，洛列灵机一动，他在当时最流行的杂志《这儿是巴黎》刊登了一则商品广告，且附上了邮购优惠单。这一大胆的举动让洛列取得了意想不到的成功，从此他的产品开始在巴黎畅销起来。

1960 年，洛列开始小批量地生产这种植物美容霜，他独创的邮购销售方式又让他获得了巨大成功。在极短的时间内，洛列通过这种销售方式，顺利地推销了 70 多万瓶美容品。1969 年，洛列创办了他的第一家工厂，并在巴黎的奥斯曼大街开设了他的第一家实体店，开始大量生产和销售这种植物美容品。

1985 年，他在全世界已拥有 960 家分店，公司的销售额和利润增长了 30％，营业额超过了 25 亿。如今，伊夫·洛列在全世界拥有 800 万名忠实的"粉丝"。

当你心里有一个好点子的时候，就要放下杂念，不要被外界的言论干扰，全神贯注地把你的好点子变成事实。洛列就是这样获得成功的。年轻人别太在意自己的弱项和曾经的失败，而应将注意力和精力转移到自己感兴趣和擅长的事情中去，从中获得的乐趣与成就感将强化你的自信，驱散自卑的阴影，从而缓解你的心理压力和紧张。

在飞机发明之前，无数人曾告诫怀特兄弟，他们的行为既幼稚又愚蠢——那看起来显得笨拙丑陋的装置，无论如何都不可能飞起来的。就连他们的父亲也断言，人类永远不可能翱翔天际，他说：如果上帝肯让我们飞上蓝天，早就赐予我们一双翅膀啦！

没想到，这两个固执的男孩用自信和行动推翻了老爸的预言。如今，人们不但可以乘坐飞机跨越地域的障碍，可以从南半球到北半球，从洛杉矶到马德里，甚至还能飞得比声音的速度还要快。

年轻人要相信自己，否则当幸运之神降临到你头上的时候，也许在你诚惶诚恐地怀疑自己的间隙，它已经离你而去。那么，要相信自己就要增加自信，年轻人不妨将自己的兴趣、爱好和特长全部列出来，哪怕是很细微的东西也不要忽略。你会发现你有很多优点，当你学会用客观的态度看待你的弱项和失败，做到既不自欺欺人，又不将其看得过于严重，这样就能赶走你内心的自卑。

相信自己还要懂得用行动去证实。年轻人相信自己能行，相信一切皆有可能之后，就要实践这个真理，实现你的梦想，那么最重要的一点就是需要去拼搏、实践。如果没有执行，任何伟大的想法都是空谈。只有付诸行动才能将想法和计划变成现实。成功是属于有准备的人，属于有行动敢拼搏的人，成功是属于自信的你！

好的开始，等于成功一半

　　对任何一个有上进心的人来说，成功是一生的追求，走向成功的条件有很多，但开头是至关重要的。

——卡耐基

　　年轻人在机遇来临时，除了要及时把握之外，还要脚踏实地地付诸行动。俗话说"良好的开端是成功的一半"，一个好的开端，能让你有始有终，有条不紊地在成功这条大道上走下去。其实成功就像天边那一抹绚丽的云彩，远在天边，近在眼前。当年轻人想要去追逐这片绚丽的云彩时，才会发现"路漫漫其修远兮"，而且还会遇到路上的荆棘，会遭遇许多坎坷。这就要求年轻人在一开始就做好心理准备，对自己可能会遭遇的挫折有全面的认识，用平淡的心态去迎接挑战。

　　莫扎特是欧洲最伟大的古典音乐家之一，他在音乐上的伟大成就与他良好的音乐生涯的开端是密不可分的。莫扎特出生在一位宫廷乐师家庭，父亲是一位小提琴手，同时还是一个作曲家。莫扎特的母亲也酷爱音乐，会弹奏许多种乐器。在这样一个音乐氛围的熏陶下，莫扎特从小就显露出极高的音乐天赋。

　　一次，莫扎特的父亲带了几位朋友到家喝茶，看到莫扎特正聚精会神地趴在钢琴上写什么，便问他在写什么。谁知莫扎特一本正经地回答："我在作曲。"父亲和朋友们听了不禁哈哈大笑起来，一个四岁的孩子竟然说自己在作曲，真让人又奇怪又好笑。

　　可是当父亲走到钢琴边查看五线谱时，只见纸上的音符歪七扭八，很难辨认，但是他越看越认真，突然，父亲激动地对客人喊道："亲爱的，你快来看，一点也没错，他写出的音符很正确而且很有意义。"

莫扎特的父亲欣赏儿子非凡的音乐天赋，就开始教他演奏小提琴。为使莫扎特能迅速成长，父亲竭尽心血，对他精心栽培。他对莫扎特的训练极为严格，除了教给他复杂的音乐理论与演奏技能外，还教他学习拉丁文、法文、意大利文等多种语言和历史等等。

莫扎特不负众望，六岁时就在父亲的带领下做了一次试验性的巡回演出，取得了很大的成功；八岁时，莫扎特就能运用各种乐器做即兴表演，最终他踏上了辉煌的音乐之旅，成为了一名伟大的音乐家。

成功没有捷径，莫扎特的成功除了因为具有先天的音乐天赋之外，更多的是后天的勤奋学习和父亲给他的良好开端。如果说成功是火，那么良好的开端就是火种，能点燃成功这团熊熊烈火。"万事开头难"，良好的开端之所以能帮助年轻人更好地取得成功，是因为用正确的方式去做事。

生活中，做任何事都需要讲方法，如果盲目冲动，行为莽撞，就可能好心办坏事，最终把事情办砸。因此，在开始做一件事之前，需要年轻人理智地思考多方面因素，从时机、条件、环境等各方面考虑行动的最佳方案。俗话说"工欲善其事，必先利其器"。在开始做一件事之前，年轻人要做好全面的准备，开头时多花一点心血，在接下来就可以省去更多的汗水。

年轻人做事情要有远见，能做到放眼长远，预见未来，对于一个要想经营成功人生的年轻人来说，无疑是重要的。聪明的人能捕捉机遇，而木讷的人只关注眼下，按部就班。歌德曾说："决定一个人命运的，往常只是一瞬之间。"很多年轻人都有同一个目标，却因为各自选择的道路不同，其结果也有千差万别。

多一份努力，你才能走得更远

生命是一条艰险的狭谷，只有勇敢的人才能通过。

——卡耐基

一位知名的企业家用一句话总结了他的成功经验："如果你想要比别人更优秀，就必须坚持每天比别人多付出那么一点。"比别人多做一点，这几乎是所有事业有成者的秘诀。每个人的成功都不是一蹴而就的，需要经过千折百回的磨炼，需要经历无数坎坷才能成为最耀眼的那颗星。

年轻人要相信，只要自己敢于付出，有一份耐心就能有所收获，但收获的前提是"你是否比别人多做了一点"。年轻人有为梦想而努力的勇气，也有着孜孜不倦坚持到最后的韧性，即便不是才华横溢，只要你努力付出了，也可以用事实证明自己依然在为梦想而努力，只是离成功还差一步而已。

杨澜是一位成功的女性，她既是优秀的节目主持人，又是著名的企业家，但她的成就也不是那么轻松得来的。

高中时代的一次小测试让杨澜惊奇地发现，那些平时和自己成绩相差不多的同学，却在这次无关紧要的测试中超越了自己。之后她很认真地反思，意识到自己光靠临时抱佛脚来提高成绩是完全不行的，只有在平时多努力，这样积累起扎实的实力才能获得最后的成功。

从此杨澜不管做任何事情都兢兢业业，比别人多付出一点，以求做到最好。这种良好的习惯在杨澜的人生中起到重要的作用。她每次做节目之前都会做好充足的准备，正是凭借这样一股毫不松懈的努力精神，杨澜才能在众多优秀的电视节目主持人中脱颖而出。

每一个人的青春背后，都曾流下无数沉默的汗水，谁都不例外。成功者大都内外兼修，优雅和智慧并存。年轻人渴望踏进那个优秀人才的圈子，成为成功的代名词，但这一切都离不开努力。要知道，所有成功或还没有获得成功的人，他们时刻都在努力着，也许下一秒就轮到其中的某一个。因此，年轻人不能让自己松懈下来，每天多付出一点，才是经营成功人生的秘诀。

约翰在美国田纳西州经营一个农场，他有个一个惯，每天都要看一看有关农作物的报纸和书籍，希望能从中得到启示，把自己的农场经营得更好。然而不幸的事情发生了。一天，约翰像往常一样在农场里工作，突然间他晕倒在地上，全身抽搐不止……

这次中风对约翰来说是致命的，因为他已经全身瘫痪。从这时起，他便失去了肢体的活动能力，他的亲友们都认为他已经没有希望了，他将在床上度过余生。但约翰自己却不这么认为，虽然自己的身体不能动，但大脑还能像往常一样思考。忽然间，有一个念头闪过他的脑海，而这个念头注定要弥补他不幸遭遇的缺憾。

他把他的亲友们全都召集过来，并要他们在他的农场里种植谷物。这些谷物将被用做一批猪的饲料，而这批猪将会被屠宰，并被用来制作香肠。短短数年间，约翰的自制香肠就在全国各大商店和超市中出售，这让约翰·布尔和他的亲友们都成了富有的人。

成功是一种超越自己的渴望，约翰始终比别人多付出一份心血，即使全身瘫痪也不放弃对成功的追求。年轻人在经营成功人生的时候，也要懂得这个道理。当别人付出五分的努力，那么你就要付出七分的拼搏。这个世界上天生的成功者并不多，他们只不过比普通人多付出一份刻苦和坚持而已。

人的青春年华是非常短暂的，那么在这美好的时期年轻人就要努力学习一切技能，为自己的人生打好坚实的基础。有时，你不必比别人多做更多，只需要一点点就已足够，这"多做的一点"就足够让旁人刮目相看。年轻人大可不必在乎那些只知道高谈阔论的"评论家"说些什么，你要做的只是坦诚地展现自己的能力，坚持"每天多做一点"的态度，这足够让你从人群中脱颖而出。

敢于尝试才能获得更多的机会

智者创造的机会比他得到的机会要多。

——卡耐基

我们常说，一个成功者与失败者最大的差异，在于成功者会设法由失败中获益，再尝试别的方法。尝试，其实就是探索，没有探索就没有创新，没有创新就不会有成就。所以说，成功人生自尝试始。

一个敢于尝试的人，是有足够的好奇心和自信心的。好奇就是乐于发现生活中的现象，并善于研究它的本质。当然仅有好奇心是不够的，还要有自信心和勇气。因为每当开始做一件事情的时候，我们都不知道将会面临着怎样的困难，会有多少不可预料的事情发生。面对未知，就需要有很强的自信心，相信自己有能力去克服困难，战胜挫折。

爱迪生是著名的大发明家，他从小就有一颗好奇心。只要他看到的生活中的现象，都会去琢磨。他的好奇心驱使着他尝试发明电灯、留声机、蓄电池等等，最终他成功了。可以说爱迪生的一生都是在尝试中度过的。没有尝试，也没有属于他的 2000 多项发明成果，他也无法成为当之无愧的"发明大王"。

古希腊有一位老国王，他到了快要退位的时候了。但皇位只有一个，老国王要从自己的三个儿子中挑选出一个作为继承人。于是，他决定考验下三位王子。

他吩咐大臣在一条临水的大道上放置了一块巨石。任何人想通过大道，都得面对这块巨石。要想到达石头的另一边，要么走水路，可那样太费时；要么从石头上爬过，可石头太光滑；要么将石头推开，可石头实在是太巨大了。

老国王召集三位王子，将三封信分别递到他们手中，并说看看你们三人中，谁能用最快的速度将信送到对面的大臣手里。没多久，三位王子顺利完成任务回到了老国王身边。老国王问三位王子："你们是如果到达对面的？"

大王子说："我划船过去的。"

二王子说："我游水过去的。"

小王子说："我从大道上跑过去的。"

"这怎么可能呢？难道巨石没有挡住你的去路吗？"大王子和二王子都感到很诧异。

"没有啊，我只不过是用手使劲一推，它就滚到河里去了。"

"我的孩子，你怎么想到用手去推它呢？"国王问他的小儿子。

"我只是想去试试，"小王子说，"谁知我一推它，它就动了。"

原来，那块巨石是国王和大臣用很轻很轻的材料制成的。毫无疑问，这位敢于尝试的小王子得到了皇位，成为了新的国王。

人们在面对困难的时候，并不是缺少克服困难的方法，而恰恰是克服困难的勇气。就像故事中的大王子和二王子，他们看着石头很巨大，就暗中相信了它真的很巨大，也不可能推动，因此毫不犹豫地选择了捷径。小王子却没有，他大胆地去尝试了，却也意外地获得了成功。

人们很容易把尝试理解为偶尔尝尝，这是不对的。尝试往往需要人们付出毕生的心血去努力。而在这努力的过程中，最大的敌人就是半途而废。那些科学界的人们，也总是说着这样一句话：在一万次试验之后的那一次可能就是成功。可见，成功是存在的，但它总是喜欢躲藏在无数次失败之后，这也是为什么能有幸看到成功的人，是那么的少。大部分的人都败在了半途而废、浅尝辄止之中。

伟大的科学家张衡就为天文学奋斗了一生。通过长期的观察和研究，他得出月亮本身是不发光的，而是受太阳的照射才发光，以及月蚀系入地影所生的结论。他还根据地球在天空中运行的规律，解释了冬天日短夜长、夏天日长夜短的现象。之后他又发明了世界上第一台测定地震的仪器——地动仪。如果他不是这一生都在尝试，又哪里会有如此辉煌的成就呢？

尝试也是对人生潜能的开拓。鲁迅先生曾经说过，其实地上本没有路，走的人多了，也便成了路。所以他十分赞赏"第一个吃螃蟹的人"，那些在人类前进道路上披荆斩棘的人。

有人说，科学实验才需要大胆尝试，生活中哪里有那么多的尝试。这种看法和想法都是不对的。人的自身价值的显现，不光靠成就来展示，尝试也能体现自身价值。通过尝试，我们会发现自己原来还有这么多的潜能，这么多的闪光点，这些又何尝不是人生的惊喜和感动。而如果不去尝试的话，永远也没有机会发现和认识另一个优秀的自己。

去勇于尝试吧，它是你事业成功的一条重要途径，更是你铸造卓越与杰出人生的一种方式。

创意让你比别人更容易成功

世界上有许多事业有成的人，并不一定是因为他比你会做，而仅仅是因为他比你敢做。

——卡耐基

所谓创意，其实也就是说一个人的创造力。它是指一个人产生新思想、新发现和创造新事物的能力。创意是指引一个人成功完成某种创造性活动所必需的心理品质。拥有创意的人与一般能力的人，区别就在于它是具有新颖性和独创性的。因为创意的主要成分是发散思维，即无定向、无约束地让自己随意探索未知的思维方式。决定创意的成功，也就是灵感。灵感是指，当你想要解决问题而又百思不得其解时，却突然受到某种因素的启发，出现"顿悟"，使问题忽然迎刃而解，于是，你的灵感就成为了创意。

在生活中，人们常常被惯有的逻辑思维方式左右，最终将灵感置于死地。

一位经理一直用惯有的逻辑方法思考他的公司究竟出了什么问题，但他想了很久都百思不得其解。后来他想出了一个比喻才解决了这一问题。"我的公司就像一只没有鼓手的大划艇，大家都在用力划，一些人的桨刚划到一半，而另一些人却已划完。"结果这位经理亲手敲响了指挥鼓，公司的航船终于顺利回到航道，继续航行了。

有创意的人，思维就像一块自由的天地。在这里，新思想能够很快地发芽，他的创意，他的灵感让他能够在不同的事件和情境中发现相似和联系。

　　海明的饭店开张在即，这几天他可忙坏了，里里外外都需要他亲自"指挥"。谁知道，就在这节骨眼上，装修队的王队长却提出要加钱，不然就罢工。原来，由于设计上的一点失误，饭店的洗手间处多出一根管线，位置距地面有一米多，做洗手池太低，做小便池又太高了，怎么都不合适。

　　王队长对海明说："你再加点钱，我把墙砸了，把这根管子埋进去，就搞定了。"可海明仔细一算，自己前后装修已经花了一大笔钱了，现在重新埋管，没个二三万不说，而且又得拖半个月。海明现在就等着饭店尽快开张挣钱呢，多的耽误也不行，这可怎么办？

　　海明愁眉苦脸地回到家里，见儿子小李正乐呵呵地看篮球比赛。不由得怒火攻心，大声吼道："就知道看电视！老子在外面辛辛苦苦，你不知道帮忙，还挺悠闲！"说完就要冲过去关电视。儿子见老爸动怒，乖乖地关了电视，主动问："爸，您先消消气，是不是有什么烦心事啊？"海明消了气，坐下来一五一十地把事情都告诉了儿子。小李静静地听完，想了一会儿，忽然高兴地说："爸！这事儿交给我来办，您放心，保证不多花一分钱，饭店也能如期开业，您看如何？"海明见儿子信心满满的样子，就同意了。

　　海明的饭店果然如期开张。这天，热闹非凡，老朋友新客人都涌进了饭店。海明正在高兴的时候，忽然听到男厕所里传出一声惊呼，他暗想，一定是那根管道闯祸了，于是赶紧冲进了厕所。谁知道，眼前竟然凭空多出来一个小便池，位置高高在上，里面放了一束鲜花，上面还贴着一张字条："等待姚明！"而那位客人则佩服地说："是谁这么有创意？"

　　从此，海明的饭店更红火了。不过好多客人来这里吃饭，都会想方设法地上一次厕所，看看那个绝妙创意。

　　有人把灵感看成"天赐"。其实，老话说，"天才出于勤奋"。灵感虽然是创造力的一个要素，可他的出现也是需要有深厚的知识功底。就像故事中海明的儿子，如果他不爱看篮球比赛，也未必能想到这样一个绝妙的创意。因此，在创意的过程中，如何运用这些知识，让其中潜伏着的智力表现出来，才能解决更为广泛的问题，成为更有创意的人。如果你很想给生活增添创意，又没有生活在有创意的环境中，该怎么办呢？那就是改变自己的想法，跳出固定的思维模式。

一个有创意的人，生命会带给他丰沛不尽的能量，他的生活必定是精彩绝伦的，他的每一天都能创造出独特的惊喜，就连他身边的人也会被他无穷尽的创意感染和感动。

一个真正有创意的人，就算是被关在牢里，被限制在只有一条路的地方，他依然是有创意的。而有的人每天在充满创意的环境中，可他依然缺乏创意，可见有创意的人不在乎外在的环境是什么。

可见，人的创意本应该是天生的，只是我们长期被教育、规则、别人的眼光等等制约成为了一个胆小、不敢多想、不敢梦想的人。想要有创意只需要把被掩盖住的天真、无忌的勇气找回来，你也就有了创意。换句话说，你把感官打开，眼前世界每一分每一秒发生的事情，都是你可以采集的创意灵感。

做一个有创意的人吧，让你下一秒的生活更加精彩。

第九课

梦想，坚持就会到达彼岸

要敢于追求梦想，不要被万千险境吓倒，也不能被重重困难所征服，否则你就会倒在前往『梦想』的路上。不同的人可以选择不同的路，但是无论选择什么样的道路，执著才是到达终点的前提。要实现梦想，就要有上进心。上进心是一种极其珍贵的品质，它会促使年轻人采取主动的态度对待一切，这也是年轻人为了理想而奋斗的动力。

有时候年轻人也要学会放弃，这样才能选择另外一些自己更需要的，或者是更适合自己的，否则生命将难以承受。不管遇到什么情况，信念永不消失，并要用行动来实现梦想。有时候，要冒点险，让自己开拓进取的精神迸发，否则就不能真正突破自我，创造出独特的个人价值。最后要记住，要实现梦想，必须勤奋，否则梦想只是一场梦而已。

坚持你的梦想

成功的人，都有浩然的气概，他们都是大胆的，勇敢的。他们字典上是没有"惧怕"两个字的，他们自信他们的能力是能够干一切事业的，他们自认他们是很有价值的人。

——卡耐基

对年轻人来说，生命中最重要的事情就是实现自己的梦想，为了梦想而努力。每一个青春朝气的年轻人都有自己的梦想，只有实现它，人生才会有意义。梦想是年轻人前进的动力，有了梦想人生才会美好。然而，不是每个人都有追求梦想的勇气，有太多的障碍阻止年轻人在实现梦想的路上奔跑，于是梦想就变成了幻想。

布兰登在田纳西州立大学的足球队任教。一天，他正在家里看新闻，忽然一则消息让他出了一身冷汗。消息是这样的：田纳西州立大学校长表示，即将解散足球队原有的教练团队，组建新的教练阵容！

布兰登马上意识到，自己可能要丢饭碗了。

一个半月前，布兰登才刚搬到学校附近，为此他花光了所有的积蓄，可是现在，他却面临着被解雇的危险。想想自己现在的处境，他无法平静下来。存折上的余额不足100美元，而妻子已经有了身孕……

果然不出所料，第二天，校长请他到办公室，宣布了解散球队教练的事。

于是，布兰登失业。他开始变得郁郁寡欢。接下来的一个月对他来说是饱受煎熬的。沉重的挫折感打击了他。看到布兰登憔悴的样子，妻子心疼不已，她尽自己最大的努力安慰她。布兰登被妻子的关怀深深感动了，当天晚上，他做出了一个决定，把自己所有的梦想都写下来，然后一个一个地去完成。

做完这件事情之后，布兰登忽然觉得自己不再灰心丧气了，因为有了梦想，也有了希望。可布兰登的"梦想清单"在别人看来简直是异想天开，比如"去白宫跟总统共进晚餐"、"成为著名的足球教练"等等。但是布兰登没有被别人的嘲笑击倒，他相信自己能实现这些梦想。

在接下来的日子里，布兰登开始为实现自己的梦想而努力，每完成了一个目标，他就会从清单上划掉一个梦想。

令人惊异的是，布兰登成功了，他甚至跟里根总统在白宫留过影，"在今夜秀"节目上与嘉宾愉快地交谈过，而且他还把这些照片挂在了客厅的墙上作为纪念……但人们问布兰登，为何能从一个失业者，变成一个"梦想达人"时，他笑了笑说："梦想的伟大之处在于，只要你敢于坚持，就能把梦想变成现实。"

敢于追求梦想，就不能被万千险境吓倒，也不能被重重困难所征服，否则你就会倒在前往"梦想"的路上。布兰登的成功就是一个很好的例子，他告诉年轻人，梦想需要坚持才能真正实现。在追逐梦想的过程中，要做到不畏惧、不退缩，要不断地尝试与挑战自我，才能不断进步，取得最终的胜利。

年轻人就像一匹朝气蓬勃的骏马，驰骋在梦想的沙场上，也像一朵灿烂的向日葵，在阳光下展开美丽的人生。敢于坚持追求梦想的人，未必有多么聪明，但他们有敢于挑战自己的勇气；敢于追求梦想的人未必就是伟大的，但他们用行动宣告了自己的勇敢。只有那些不安于现状，不屈服于命运的年轻人，才敢于坚持自己的梦想，用自己的努力改变人生的轨迹。

博格斯是 NBA 球员中的传奇，他曾经是大黄蜂队最好的球员。而他一米六的身高在 NBA 的"巨人国"显得很微不足道，但这并不影响他发挥自己的实力。他的故事激励了不少喜欢篮球却又为身高而感到自卑的少年。那么，年轻人趁着年轻，抓紧时间勇敢地去追求梦想吧。在追求的过程中，也许你会伤心彷徨，还会遭受不可预料的失败，但至少你追求过，真切地体验过，你的人生会因为这份体验而变得更加成熟与理智。

成功离不开执著

冷静分析过去的错误，设法从中获益，再忘掉它，这是惟一让过去有建设性意义的做法。

——卡耐基

年轻人生活在这个竞争激烈、信息千变万化的社会中，偶尔会被脚下的障碍物"绊倒"。但你要记住，一次跌倒并不表示什么，关键是在跌倒后，不能失去奋斗的勇气。成功需要某种近乎固执的执着，就像那最美的风景，不爬到最高点就无法欣赏到。年轻人要学会用平常心看待生活中的挫折，要知道，一个人若没有经历过失败，就无法尝遍人生的酸甜苦辣，而生命的底蕴是深厚的，不体验失败，就无法真正取得成功。

其实，年轻人只要掌握了自己的优点，能发现自己的特长，就能做到"条条大道通罗马"。不同的人可以选择不同的路，成功与否，往往不在于选择什么样的道路，而在于你是否能执着于自己的选择。所以，能否实现自己的梦想，取决于年轻人是否能坚持自己的选择。

天花是一种烈性传染病，十八世纪在欧洲曾经大规模爆发，因感染天花而丧命的人超过一亿。这种可怕的疾病会使人整天发高烧，并且死亡率极高，即使逃过一劫也会在脸上留下难看的疤痕，而天花这个名字正是因此而来。

琴纳是英国的一名乡村医生，作为一名正直的医生，眼看着大量的居民因感染天花而死去，心里很不是滋味，但他又没有什么办法。一次，村里的检察官让琴纳统计一下村里因天花而死亡的人数。他挨家挨户了解后发现，镇上几乎每家都有天花的受害者，但奇怪的是，养牛场的挤奶工人却没有任何人死于天花或被天花感染。

他疑惑地向一名挤奶女工询问："你们被天花感染过吗？或者，奶牛会不会被感染天花？"挤奶女工告诉琴纳，牛也会生天花，但是牛感染天花后，只会在皮肤上出现一些小脓包，过段时间就会消退。挤奶女工给患过牛痘的奶牛挤奶时，有时也会感染牛身上的天花。

琴纳由此发现，凡是得过天花的人，就不会再被感染。他想，或许得过一次天花，人体里就产生抗体了。从此，他就开始研究用牛痘来预防天花。经过二十多年的坚持，琴纳终于成功了：他从牛身上获取"牛痘浆"，接种到人身上，使接种的人也像挤奶女工那样得轻微的天花，产生抗体后就不会再患天花。

在琴纳研究"牛痘接种"的二十年里，遭遇过无数冷嘲热讽，有人甚至说："如果把牛痘移植给人，那么人就会长出角来，会像牛一样'哞哞'叫。"但琴纳并没有退却，而是继续进行研究，直到他取得成功的那一天，世人才改变对他的看法。

回顾历史，几乎所有取得过一番成就的人都遭遇到外界的诽谤和嘲笑。故事中琴纳在长达二十年的研究中，付出了多少努力、承受了多大压力，恐怕是外人无法体会的，但毫无疑问的是，琴纳用他的事迹告诉年轻人，经营人生最重要的品质之一就是，要学会执着于你的梦想。

俗话说"树有多大，阴影就有多大"，一个肯做大事业的人，绝对不会为了获得他人的认可而隐藏起自己真实的内心。执著是一种心态，是一种固执己见永不迎合他人的素质。具备这种心态的人常常能在世俗的压力下创造出奇迹。吉尼斯世界大全里记载的诸多创造奇迹的人，这些大大小小的人物使世界变得有声有色。他们的性情各不相同，但他们有一个最明显的共同点，即敢于执著。他们的执着成就了自己事业的辉煌，达到了普通人高不可攀的程度。

不过，所有的事情都有两面性，年轻人如果坚持自己的选择，执著于自己的梦想，就意味着你同时放弃了另一种人生。梵高选择了艺术，放弃了富贵的人生，贝多芬执着于音乐，却拒斥了宫廷的御用……这些事迹告诉年轻人，执著虽然是好事，但在做决定之前却要好好思量。执著并不是让你把整个世界都握在手中，执着的前提是年轻人要明确自己的选择，学会选择最适合自己的事情，并一直走下去，直到看到成功的曙光。

上进心是成功的基础

世界上有许多做事有成的人，并一定是因为他比你会做，而仅仅是因为他比你敢做。

——卡耐基

俗话说"人往高处走，水往低处流"。无论是在物质上还是在精神上，在生命赋予年轻人的众多品质中，上进心是最其中重要的之一。上进心是一种极其珍贵的品质，它会促使年轻人采取主动的态度对待一切，这也是年轻人为了理想而奋斗的动力。在你经历挫折与磨难之时，上进心就像一股注入你身心之内的强韧力量，让你斗志昂扬，在尝遍喜悦与痛苦之后，实现最终的梦想。

在一个风和日丽的早晨，刚刚从美梦中醒来的蝴蝶，看见篱笆上有一只蜗牛在卖力地向上爬。于是蝴蝶大声说："喂，朋友，你在干什么？"

蜗牛听见了蝴蝶的声音，便回过头来答道："我想爬出去，看看外面精彩的世界。"

蝴蝶听了，先是一愣，随后便嘲笑蜗牛说："你别傻了，就你那慢吞吞的速度，再加上身上的'小房子'，大概要猴年马月才能爬出去吧！还不如趁早放弃，过几天舒坦日子。"

蜗牛听了并没有生气，而是说："正因为我走得太慢，所以我最大的梦想是翻过这片篱笆，去看看外面的世界。我不会轻易放弃的。"说完，蜗牛便继续向上爬。

蝴蝶见蜗牛顽固不化，便摇了摇头，对他异想天开的想法感到好笑。

过了一会儿，蝴蝶睡了一觉醒来，伸一个懒腰，飞到篱笆那里想去看看蜗牛到哪了。不看不知道，一看吓一跳，蝴蝶惊讶地发现蜗牛早已爬到了篱笆的最顶端。现在，正朝它招手呢！蝴蝶觉得很不可思议，它大声说道："老朋友，你什么时候爬上去的？"

蜗牛回答："是在你睡觉时爬上来的。"蝴蝶听了惭愧不已。

蜗牛之所以能爬上高高的篱笆墙，全靠它的上进心支撑，否则它可以选择去睡大觉，在一片狭小的土地上终结自己的一生。有上进心的人对未来总是新鲜满满，法国作家莫泊桑有句名言："生活在希望中的人，才会有奋斗的动力，而生活的希望则来自一颗积极向上的心。"人生其实就是在寻梦、奋斗、圆梦这个循环中度过。年轻人要对生活

充满希望，对自己的未来要有进取心，否则就会像逆水行舟，不进则
退。

很久以前，在非洲的南边有一个部落。这个部落的人无论从智力
还是体力上，都比周围部落的人要强很多。他们率先发明了用兽皮做
衣服，用来取暖保温，遮风挡寒。他们的生产力也比其他部落要高，
因此在资源丰富的草原上过得很滋润。

可是他们同时也是一个心胸狭窄的部落。为了不被那些还赤身裸
体的部落掌握他们的技艺，这个部落的人悄悄地迁往一处无人居住的
深山老林里生活。

就这么过了不知多少年，当其他部落的人已经产生了高度文明的
时候，那个躲到深山老林里的部落由于与世隔绝，仍旧过着刀耕火种、
身穿兽皮的原始生活。当探险家告诉他们，外面的世界已经发生了很
大变化，甚至有了电、有了汽车等等这些高科技的发明时，他们仍然
固执地不相信。

一时的先进并不代表永远都能名列前茅，由于消息闭塞，忽视与
外界的联系，那个暂时领先的部落反而落在了历史的尾巴上。他们的
骄傲，反而成了落后的原因，原先的聪明由于缺乏进取精神，反而造
成了后来的愚昧。

年轻人需要不断放宽自己的眼光，不错过任何能帮助自己成长的
机会。对新事物要报接受和学习的进取心态，这样才能不被社会淘汰，
成为一个与时俱进的年轻人。那么，进取心是怎样锻炼而成的呢？

想要让自己成为一个上进的年轻人，首先你就要改掉拖延的习惯，
不能凡事都"待明日"去做。日复一日的拖延会使你精力耗竭，最后
虚度光阴。其次，你可以尝试用自我暗示的方法，给自己加油打气。
不断的心理暗示会增强你的信心，给你带来动力。

年轻人要明白，培养进取心是需要在日常生活的琐碎中、在平凡

的小事中锻炼而成的。因此，如果你每天都能做到认真工作，对每件事都有明确的目的，那么在不知不觉中，你就培养了自己的上进心。

别让心中的希望熄灭

像那闪烁的微光，希望把我人生的道路照亮；夜色愈浓，它愈放射出耀眼的光芒。

——卡耐基

每个年轻人在渴望成功的同时又害怕遭遇失败，一旦事情朝自己预料之外的方向发展，便愁眉不展、唉声叹气，在失望中低迷，无法清醒地去寻找原因。由此带来的悔恨和苦闷将自己淹没，甚至自暴自弃。实际上，失败并不可怕，关键是在于你心中是否还有希望。回顾历史，几乎所有取得成功的人都经历过失败，但他们却从不熄灭心中的那盏希望的灯火。

现实总是那么不完美。秦始皇统一六国，实现了自己的心愿。他的丰功伟绩被后世称颂，然而他的残忍暴虐却又让人胆寒与痛斥，虽然权倾天下，却孤独终老。年轻人追随内心的希望就像是进行一场赌博。输了很痛苦，但这不是你放弃希望的理由，因为一个没有希望的人，他的生命就好比断线的风筝一样，会失去方向和依靠。就像鲁豫说的："人只有对未来充满希望，才能从容面对一切。"

在一个人烟罕至的山谷里，有一个陡峭的悬崖。不知道从什么时候，悬崖边开始长出了一株小小的百合。百合刚刚长出来的时候，和周围的杂草一模一样。但是，它心里却明明白白地知道，自己跟周围的野草是有区别的。它的内心深处，有一个响亮的声音在提醒自己：

"我是一株百合，不是一颗野草，唯一能证明我的方法就是开出洁白的花朵。"

有了这个念头，百合努力地吸收水分和阳光，在悬崖上深深地扎根，直直地挺着胸膛。飞过的蜂蝶鸟雀有时会劝百合，不用那么努力地证明自己，在这断崖边上，纵然你开出全世界最美丽的花朵，也不会有人来欣赏。

百合却不为这些冷言冷语放弃希望，它告诉那些鸟雀："我要开花，是因为我知道自己的美丽。而且，也是我与生俱来的使命。不管有没有人来欣赏，不管你们怎么看我，这是我心中的希望，是我努力生长的动力。"

在野草和蜂蝶们怀疑的眼神中，百合努力地汲取着能量。有一天，它终于开花了，它那灵性的白和挺秀的风姿，成了断崖上最美丽的风景。从此以后，每一年百合都努力地开花。它的花粉乘着风落到山谷、草原和整个悬崖上，山谷里到处都开满了洁白的百合。

几年后，远在百里之外的人，从城市、乡村，千里迢迢赶来欣赏满山谷的百合开花。他们嗅百合花的芬芳，许多情侣甚至在这动人的花海里许下了"百年好合"的誓言。无数的人被感动得落泪，因为悬崖上那茂密的百合触动了内心最纯净的一角。

雨果曾说过："只有希望才能让思想碰撞出火花，只有信仰才让未来发出光芒。"绵绵的春雨为大地播种下希望；弱小的花蕊是花朵萌生的希望。年轻人只要心中充满希望，就不会对无法预知的未来产生恐惧，就能心怀希望在人生的道路上勇往直前。

当你内心充满希望的时候，不管遭遇什么样的不幸，依然会顶风前进。人的一生会有各种各样的遭遇，年轻人的内心也会因此经受着各种磨炼，但这才是真实的人生。世界上最可怕的事情是付出了努力而得不到回报。当失败成为常态，雄心化为无奈，忙碌地奔波换来的却是苍白的未来。这样的生活又有多少人能坚持下来？

每个年轻人都曾有过拒绝平庸的机会，然而正在是反复的失败中，其中一部分人就放弃了希望。"破罐子破摔"永远换不来理想的人生，年轻人在经营人生的过程中，要想让自己的价值得以体现，就要坚持你内心的希望。

放弃是为了更好的选择

人生中最困难者，莫过于选择。

——卡耐基

要想嗅到花儿的芬芳，就必须放弃都市生活的便利；要想得到长久的成功，就必须放弃眼前的利益……有时候，放弃不仅是一种选择，更是一种智慧。对每一个年轻人来说，放弃哪样东西都是痛苦的，因为放弃意味着失去。但是，年轻人也要明白，"鱼和熊掌不能兼得"，适当地放弃手里拥有的，才能更好地选择你需要的。

生命是一座丰富的宝库，年轻人必须学会放弃一些，才能选择另外一些自己更需要的，或者是适合自己的，否则生命将难以承受。杜拉斯曾说过："人的一生，不能太过完美，总有一些让你遗憾的事情，你必须得学会放弃。"

学会放弃，实际上就是学会克制自己的欲望。年轻人要明白，如果你不想放弃任何东西，却又想拥有所有，结果就会什么都得不到。因此，在人生的重要关头，在决定前途和命运的关键时刻，你不能犹豫不决，必须学会果断放弃。

王二和李大是邻居，他们在空闲时会去山上砍些柴拿到集市上卖，以此赚一点酒钱。有一天，他们两又去山上砍柴，走到山里却发现了两大包棉花，两人喜出望外，心想今天可要发大财了。因为棉花的价格比柴禾的价格可要高得多，如果将这两包棉花卖掉，足可供一家人一个月的伙食费了。于是下两人各自背了一包棉花，连柴也不砍了，赶紧回家。

走着走着，王二眼尖，看到山路上躺着一大捆布，走近细看，竟是上等的细麻布。他欣喜之余，和李大商量，一同放下身上的棉花，改背麻布回家。

可李大却不这么想，他认为自己背着棉花已走了一大段路，到了这里丢下棉花，岂不枉费自己先前的辛苦。所以坚持要背棉花回去。王二见李大不听，只得独自背起麻布，继续前行。又走了一段路后，王二看见前面的草地上有什么东西在闪闪发光，走近一看，地上竟然散落着一些黄金。他心想这下真的发财了，赶忙邀李大放下棉花，拿着黄金回家。

可李大仍然不愿丢下棉花，坚持自己的想法，甚至还怀疑那些黄金不是真的，劝王二不要白费力气，免得到头来一场空欢喜。于是王二只好自己揣上黄金，和背着棉花的李大赶路回家。

眼看着就要到家了，这时却忽然下起了雨。这阵雨没头没脑地浇下来，王二和李大没有防备，只好被淋了个透心凉。更不幸的是，李大背着的棉花由于吸饱了雨水，一下子变得如千金重。李大不得已，只好丢了背了一路的棉花，空着手和李二回家去了。

不舍得放弃已经拥有的，就无法得到更重要的。固执的李大不舍得放弃白捡的棉花而失去麻布和黄金，最后却连棉花都浸了水。这的故事告诉年轻人：人生的获得和失去，在很多时候都无法由自己掌控，外界的干扰有时会改变一件事情的发展，而一味的坚持未必是一件好事，有时反而会让你失去更多。适当的舍弃才是洒脱，也是年轻人经营人必须要学会的一种技巧。

年轻人要学会放手，在你无法承受的时候，放手并不意味着失去，只是多了一份选择的余地。放手并不是完全丢弃，只是当你明白自己不能控制一些事情时，放手，就是承认自己有所不能，就是给自己留一点喘息的空间。一件事情是否能成功，有时并不受你的控制。而这时的放弃证明你已经认识到生活不是事事遂心的，是一种成熟的做法。

年轻人在需要放弃的时候，就应该洒脱地放弃，对一件自己根本无法完成的事情抱着坚持的态度，就好比刻舟求剑，是对生命的一种浪费。当你学会放弃的时候，才能卸下肩上沉重的包袱，轻装上阵，去寻找人生旅途上更有意义的事情。

信念是成功的动力

喷泉的高度不会超过它的源头，一个人的成就不会超过他的信念。

——卡耐基

人生的道路从来都不会一帆风顺，年轻人不能盲目乐观，无论你的出身是高贵还是贫穷，要想实现梦想，就要一路披荆斩棘、跨越重重障碍。在这条路上，你可以放下很多不必需的东西，但是你必须带上信念。只有当你坚定心中的信念，才能看到希望，看到曙光。即使前方的路让你一筹莫展，即使前方有滔天的巨浪，你也会执著追求，无怨无悔。

人生的价值并不在于成功后的光环，而在于追求梦想的本身，在于你坚持信念前进在路上的过程。法国作家罗曼·罗兰曾经说过，人生最可怕的敌人就是没有坚强的信念。是的，信念对追求梦想的年轻人来说，就好比海上航船的舵手。船不能没有舵手，否则就会在大海中迷失方向，就会在暗礁中触险葬身。人生也一样，没有信念的人，就会在生命的旅途中迷失自我，在青春的光环消失后就会黯淡无光。

小小的跳骚可是跳高界的冠军。它弹跳的高度能超过自己身高的400倍，如果动物界也举办奥运会的话，他肯定能摘得冠军的奖杯。

科学家曾经做过一个实验，把几只跳骚放进玻璃杯中，它们立即就能轻松地跳出来，重复几遍，结果仍然相同。接下来，再次把跳骚放进杯子，但这次科学家在杯子上加一个玻璃盖，跳骚在试图跳出来的时候，就会不断地撞到玻璃盖上。一段时间之后，科学家发现跳骚不再撞击到盖子了，而是调整了跳跃的高度，在盖子下面跳跃。

一个小时后，科学家再把盖子轻轻拿掉。由于跳骚的智商有限，它无法判断盖子是否还在，就保持原来的高度弹跳，这样即使不加盖子他们也跳不出玻璃杯了。最后，无论科学家加不加盖子，跳蚤依然如故。一天后，它们再也无法跳出玻璃杯了。

在生活中，年轻人也曾经有过类似的"跳骚"经历，虽然屡屡尝试，但屡战屡败。体验过几次碰壁以后，便开始怀疑自己的能力，会被那虚拟的盖子所困住，让其成为自己无法逾越的高度。在这种心态的作用下，年轻人会降低对自己的标准，转而甘愿忍受平庸的生活。

年轻人一旦降低对自己的期望，在潜意识中就会告诉自己"我适合现在的状态，不必去追求更多"。因为人的心理高度会决定你将取得什么样的成就，决定你的生活品质。因此，是否能有一番作为，取决于年轻人内心的信念。

一支探险队进入了一片人迹罕至的沙漠地带。在茫茫的沙漠里荒无人烟，炽热的沙子烘烤着探险队的成员，饥渴也在折磨他们。在这种糟糕的情形，发生了一件更糟糕的事情，他们的水袋漏水，却没有任何人发现……

这对在沙漠里行走的人来说，简直是个灾难。看着空瘪的水袋，大家的神情都表现得无比难看，他们甚至感受到了上帝的召唤……就在这时，队长拿出一只水袋说："这里还有一袋水，但穿过沙漠之前，谁也不能喝。"

刹时，大家仿佛看到了希望。仅剩的一袋水成了所有人穿越沙漠的信念之源，成了生命的目标。水壶在队长手中传递，那沉甸甸的感觉使队员们绝望的脸上又露出了坚定的信念。最后，探险队成功地走出了沙漠，挣脱了死神之手。大家喜极而泣，用颤抖的手打开那个水袋，结果却发现里面装的是满满一袋沙子！

在炎炎烈日下，在茫茫沙漠里，队长用一袋"沙子"挽救了所有人的生命。其实真正救了他们的不是那一袋仅剩的水，而是他们那执著的信念，他们相信自己不会在沙漠里结束自己的生命。这个信念如同一粒种子在他们心底生根发芽，最终又领着他们走出了"绝境"。

人的心态是这样，动物的心态也是如此。沙丁鱼因为害怕鲶鱼的追击，求生的信念支撑则他们在绝处中逢生，最后活蹦乱跳地回到渔港。高尔基曾说过："人可以什么都没有，但唯独必须要有一样，那就是信念。"信念，是年轻人走向成功的通行证，是通往辉煌大门的钥匙。信念就好比年轻人内心一颗强大的种子，只要在环境许可的情况下，就会生根发芽，最终会破土而出的。内心有坚定信念的人敢于直面人生的挑战，会以不屈不挠的斗志面对生命中的风雨，脚踏实地地突破重重障碍，最终改变自己的命运。

有目标才能有成就

瞄准天空的人总比瞄准树梢的人要跳得高。

——卡耐基

年轻人踌躇满志，在一无所有的时候，唯一不缺的就是理想。然而，在经过一番追逐之后，很多人会改变自己的初衷，放弃自己的理想。有时候，这并不是因为你没有能力，也不是因为缺乏动力，而是因为你的理想太过遥远，换句话说就是没有切实可行的目标。

没有发展目标，就不能成就任何事情，也不可能推动人生向前进步，当然也就不能改变人生。年轻人如果对自己的未来缺乏目标，就只能徘徊在人生的旅途上，永远也无法到达理想的彼岸。对年轻人来说，有什么样的目标，就有什么样的人生。目标是你对自己的期望，也是你成就事业的真正决心。正如空气对于生命一样，要想实现理想，就要有一个切合实际的目标。

寒冬的一个早晨，美国的加州海岸笼罩在一片浓雾之中，在海岸以西的一个岛上，一位中年妇女起身跳入了太平洋中，开始朝着终点——加州海岸游去。如果她成功了，她就是第一个游过这个海峡的女性。在此之前，她曾是唯一一个游过英吉利海峡的女性。

时间一点一点过去了，冰冷的海水冻得她全身僵硬；鲨鱼也跟着凑热闹，一次一次地靠近她，但都被活动的主办方开枪吓跑了。海面上雾很大，她连护送自己的船在哪里都快看不见了。

坚持了五个小时之后，她示意护送的船只把她拉上船。冰冷的海水让她全身都失去知觉，她觉得自己不能再游下去了。这时，教练告诉她，海岸已经近在眼前，千万不能放弃。她朝海岸的方向望过去，可是除了浓雾，她什么也看不到。又游了将近一个小时，她又一次也是最后一次叫人把她拉上了船，她实在没有力气再游下去了。

　　然而，上船后教练告诉她，从拉她上船的地方，距离加州海岸只剩下半英里！也就是说，这位勇敢的女性在距离成功半英里的地方停止了脚步。后来，这位了不起的女性说："说实在的，我不是为自己找借口。如果当时我看见了海岸，也许能坚持下来。"

　　这位勇敢的女性是个游泳好手，尽管她有着顽强的意志力，但也需要一个看得见的目标，才能鼓足勇气地去完成任务。对于年轻人而言，这又何尝不是一个教训呢？无论你的理想是什么，一旦有了目标，就要锲而不舍地为之努力。但是这个目标不能太过长远，否则你的努力在遥远的目标下，就会显得微乎其微，最终令你产生挫折感。

　　曾经有三只小鸟，它们一起出生，一起长大，等到它们都羽翼丰满的时候，就相约一起去寻找栖息的地方。

　　它们飞过了高山、河流和丛林，最后落到一座小山上。一只小鸟落到树上说："这里真好。你们看，那边有鸡鸭牛羊，甚至还有一匹千里马在奔跑呢。能在这里生活，我们应该满足了。"于是它决定在这里停留，不再往前飞了。

　　另外两只小鸟失望地摇了摇头说："既然你认为这能带给你幸福，就留在这里吧！我们还想到更高的地方去看看。"

　　这两只小鸟继续飞行，终于飞到了云朵停留的地方。其中一只小鸟情不自禁地说："我不想再飞了，这辈子能飞上云端，便是我最大的荣幸了。"

　　另一只小鸟则坚定地说："我相信一定还有更高的地方。但是，看起来我只能独自去追求了。"

　　说完，它振翅翱翔，向着云霄……

最后的结果是：落在树上的小鸟成了麻雀，留在云端的成了大雁，飞向更高处的成了雄鹰……

明确的目标，不仅仅能界定人生的最终成就，它也会在你的整个人生中都发挥起积极的作用。就像故事中小鸟，不同的目标，造就了不同的命运，年轻人也应该以此为鉴。如果没有明确的目标，年轻人在经营人生的时候，就会随波逐流，而且会产生这样的困惑：为什么自己在事业上总无法突破，不知道自己的工作是为了什么。

有一句俗语"如果你不知道自己要去到哪里，你将不能到达任何一个地方"。没有任何一个成功者是在浑浑噩噩的状态下成功的。的确，如果你连自己要的是什么都不知道，又如何能得到你想要的呢？对年轻人来说，给自己定一个目标，就好比参加一场比赛。终点就是你的目标，也是你努力的方向，因为有了方向，也就更有了奔头；同时，目标会不停地激励你前进，使你在奔赴理想的道路上产生无穷无尽的动力。

目标太多会失去方向

生活的意义不在于一个人所能达到的，勿宁在于他所希望达到的。

——卡耐基

荀子曰："锲而舍之，朽木不折；锲而不舍，金石可镂。"年轻人想要经营好人生，就要有锲而不舍的精神。然而，生活中却常常出现这样的情况：有同样目标的人，有的人能取得成功，有的人却惨遭失败。其实道理很简单，当你爬山时，你只能选择一条路线前进，不能一会走走这边，一会走走那边，这样不仅会消耗你的体力，而且还会耽误你登上山顶的时间。人生也一样，无论你的梦想是什么，你有多么伟大的目标，但你一次只能完成一个。

在茂密的森林中，有一位猎人带着三个徒弟在灌木丛里寻找猎物，他们准备猎杀一只鹿，为即将到来的冬天储备食物。一切准备得当，这时老猎人向三个徒弟提问道："你们看到了什么？"

大徒弟回答："我看到了手里的猎枪，森林里奔跑的鹿，还有树上的松鼠。"

老猎人摇摇头说："不对。"

二徒弟回答："我看到了师傅、猎枪、鹿，还有树洞里的猫头鹰。"

老猎人仍然摇摇头说："不对。"

三徒弟的回答简便多了："我只看到了鹿。"

这时老猎人才说："你答对了。"

果然，三徒弟打到的猎物最多。

老猎人看着三徒弟手里的猎物，教育徒弟们说："打猎目标要专一，老三能猎到最多猎物就是最好的证明。不管做什么，都只能有一个目标，否则就会一无所获。"

大多数年轻人都有一个共同的毛病：今天的目标是这个，明天就换一个目标，后天又是一个目标。目标游移不定，最后一事无成。太多的目标实际上就等于没有目标。因为人的精力是有限的，一旦目标不确定，就无法在某个目标上投入最多的精力。猎人的故事告诉年轻人：要成为一个出色的猎手，那么你的眼中就只能有猎物。

年轻人应该抽出一些时间来思考，自己真正想要的是什么，什么样的成就才能让你感到最快乐、最满足。慢慢地，你会发现，那些遥远又不切实际的梦想都是阻碍你经营美好人生的障碍。其实，选定目标就像是面对一个陌生的十字路口，如果你选准一条路径直往前走，那么无论你的选择是什么，最终都可以到达目的地。可如果你总是怀疑自己是否选对了方向，一次又一次地回到原点，不停的尝试其他的路，无论你有多快的速度，都只能在原点附近徘徊，而且付出得越多，你就会越会感到疲劳和辛苦。

一个学者去田间散步，看见一位农夫在插秧。学者见老农的秧苗插得非常整齐，觉得很不简单，于是上前问："老伯，您的秧苗怎么插得这样齐？"

农夫递过一把秧苗说："你来试试就知道啦。"

学者接过秧苗，脱下鞋子就下到田里插秧。过了一会儿他发现，凡是自己插的秧苗都是乱七八糟的，于是他问农夫："为什么我插的秧苗不直呢？"

农夫说："你要盯住眼前的一个目标，一步一步来，不能想着一下把田都插满。"

学者听了恍然大悟。于是他试着在眼前给自己找个目标。恰好前面有一头水牛在吃草，学者心里想，水牛容易看见，就盯着它吧。

他又插了一会儿，发现自己虽然有进步但是还是不直，他再问农夫："为什么我还插不直呢？"

农夫笑着说："水牛不停地走动，你盯着它当然不能插得直啦，你应该盯住一个固定的目标。"学者猛然醒悟，盯着前方的一棵柳树开始插秧，果然秧苗插得很直了。

年轻人经营人生既不能没有目标，也不能有太多目标，必须学会给自己定一个切实可行的、固定的奋斗目标，这才是实现梦想的正确方法。美国一位心理学家曾说过，现代人之所以容易感到"心累"，心里很易产生负面情绪，就是因为目标太多，结果迷失在各种目标里的结果。目标太多就会把自己的思绪搞得一团乱，在不停变化的目标里迷失自己，并与许多机遇擦肩而过。那么最好的解决办法就是：把精力集中起来，用在一件能让你快乐的事情上。

伊斯特曼致力于生产柯达相机，这为他赚进了无数金钱，也为全球数百万人带来了不可言喻的乐趣；比尔·盖茨一心做软件开发，终成为世界首富……看看这些成功人士，他们都是因为能专注于一个目标，把所有的精力放在一件事情上，才取得了成功。

年轻人，把你的精力都集中到一起吧，一次只做一件事情，别再胡思乱想，不要让自己偏离正确的人生轨道，这样才能成为一个懂得经营人生的年轻人。

行动，才是证明自己的武器

行为胜于言论，对人微笑就是向人表明："我喜欢你，你使我快乐，我喜欢见到你。"

——卡耐基

古希腊最有名的雄辩家之一德谟斯特斯是一个行动派，有人曾经问他雄辩之术要做到哪几点，而他只回答了七个字：行动、行动、再行动。每个人都有两种能力，思维力和行动力。思维为你设定梦想，行动用于实现梦想。年轻人如果再三遭遇失败，也许不是因为别的，只是因为你没有付出足够多的行动。

现在做，马上就做，是每个成功者的习惯，否则梦想就会变成空谈。年轻人不能每天都在想自己要做什么，而不付诸于实际行动，那永远也不会成功。采取多大行动才能有多大的成功，而不是梦想越多，成功就越大。年轻人要经营人生，就要用行动去实践你的梦想，惟有行动才能使你成功。

在一个偏僻的山村里，住着两个农夫，他们一个住在山脚，一个住在半山腰。一天，住在山腰的农夫对住在山脚的农夫说："我想去海边，你觉得怎么样？"

山脚的农夫说："你什么都没有，怎么能爬山涉水呢？"

山腰的农夫说："我有一个水瓶、一个饭钵就足够了。"

山脚的农夫说："我一直都想买艘船沿着长江而下，然后去看一看大海。要知道，大海离我们着远着呢！你就凭两条腿就能走到吗？"

第二年，住在山腰的农夫看海归来，把去海边看到的风景告诉了住在山脚的农夫，这让住在山脚的农夫深感惭愧。

克雷洛夫曾说："现实是此岸，理想是彼岸，中间隔着奔腾不息的河流，行动则是连接彼此的桥梁。"农夫的故事告诉年轻人，只有行动才会产生结果，行动才是成功的保证。年轻人的行为最终会体现自己的价值。只有养成立刻行动的好习惯，你才能实现梦想。

三个旅行者相约一起去穿越沙漠，他们一边走一边谈论着实践的重要性。他们谈得津津有味，以至于忽略了时间，等到饥饿时，才发现他们最后的食物只有一块奶酪。

这几位旅行者决定不讨论谁该吃这块奶酪，他们要把这个问题交给上帝来决定。这个晚上，他们在祈祷声中入睡，希望上帝能给他们提示，告诉他们谁能享用这最后的奶酪。

第二天早晨，太阳升起时醒来，他们又在一起谈开了——

第一个旅行者说："我昨晚梦到自己去一个从未去过的地方，享受了有生以来最难得的平静。在那个乐园里面，一个长着胡须的人告诉我说：'你是我选择的人，我想让你去品尝这块奶酪。'"

"真奇怪，在我的梦里，我看到了自己伟大的未来。当我沉醉在自己的成就里时，也有一个智者出现在我面前，对我说：'你比你的朋友更需要食物，因为你会成为一个伟大的人。'"第二个旅行者说。

第三个旅行者不紧不慢地说："昨天晚上我没有做梦，可是我突然醒了觉得肚子有点饿，于是就吃掉了那块奶酪。"

其他两位旅行者听后一阵愕然。

如果说成功有捷径，那么这条捷径就是立刻用行动去实现你的梦想。一个伟大的艺术家不会放过任何一个灵感。当他的脑海里出现了新的灵感时，会立即把它记下来，即使是在深夜，他也会这样做。因为只有行动，才能抓住机遇，才能为自己的梦想添砖加瓦，让它成为现实。

许多年轻人都曾经为自己制定过不止一个目标，但是事情的最后往往是一个也没有实现。因为制定目标是一件容易的事情，而付诸行动却要付出比定计划多得多的努力。年轻人要明白，只有动手去做才是最重要的，而且是从现在开始做起，不要把事情推到"明天"、"下个礼拜"，或者更远的将来。

生命不息，奋斗不止，年轻人拥有世间最宝贵的财富——时间。那么，用行动证明你自己的能力吧，世界将在你的奋斗过程中慢慢向你展现。成功的路不止一条，只有敢于超越自己，用行动证明自己的人，才能跻身于成功者的行列。

别让青春留下空白

对于一只盲目的船来说，所有方向的风都是逆风。

——卡耐基

时光如白驹过隙，不经意间就会带走青春，徒留无限伤感。年轻人在最美好的年纪，应该多尝试去做一些有意义的事情，而不是只留下大把的"卖萌"，或是那些醉生梦死的凌乱回忆。年轻人在大好青春的印证下，应该做一番属于自己的事业，它可以不成功，但至少你会觉得自己此生无悔。当你青春已逝再回头来看，你会发现那是比照片更值得回味的。杨澜曾说，她对自己最满意的地方就是，一直在追求改变，就算会面对失败，也要做自己认为值得的事情。

年轻人在羡慕那些成功者的同时，也该为自己想想，问一问自己到底能干什么。弄清楚自己的梦想是什么，这样你才有可能用实际行动弥补青春的空白。给自己的梦想留一点时间，成功的定义与方向由你自己决定。年轻人，去做你觉得有价值、有兴趣的事情才是最带给你满足感。

美国，洛杉矶，在一栋写字楼的办公室里，一位年轻的导演——泰伦斯·马利克忐忑不安地坐在椅子上，看着对面正在看剧本的投资人。为了能够为自己的新影片《天堂之日》筹集到足够的资金，泰伦斯·马利克已经向投资人劝说了很长一段时间。

投资人不慌不忙地翻看着剧本，而在一旁焦急等待着的泰伦斯·马利克却没办法放松下来。时间像蜗牛一样慢慢爬，窗外叽叽喳喳的小鸟更是让人心烦不已。

这时，投资人忽然放下了手中的剧本，泰伦斯·马利克连忙坐直身子，向前倾了倾，等待对方提出意见。"剧本不错，可是你知道的，作为一个电影投资者，首先考虑的是即将拍摄出来的电影能不能够赚钱。恕我直言，您这个剧本恐怕很难卖座，因为它不是现在最流行的题材。"投资人顿了顿，然后继续说道，"而且虽然你也有一些拍电影的经验，可是要让我把这一大笔钱交给你这么一个年轻人去拍电影，我还是不太放心。"

投资人说完并没有给泰伦斯·马利克机会，非常干脆地将他请出了办公室。泰伦斯·马利克拿着剧本离开了投资人之后，感到非常沮丧。最近他已经找了很多投资商，可是全都遭到了拒绝。回到家里，他想了很久，最后下定了决心。

第二天一大早，泰伦斯·马利克又继续四处与投资人联系，不断地向他们推荐着自己的电影剧本。这一次，他已经破釜沉舟了，如果这部电影拍不成功，他就退出导演界。功夫不负苦心人，经过不断努力，泰伦斯·马利克终于找来了投资。在随后的拍摄过程中，泰伦斯·马利克为自己的这部电影付出了极大的心血。影片上映之后，立刻引来了一边倒的好评，《天堂之日》的成功使他从一个名不见经传的小导演跻身成为好莱坞的著名导演。

当有人问泰伦斯·马利克当时是怎样顶住了各方面压力将影片拍摄成功的，泰伦斯·马利克说："当我拥有最宝贵的青春时，我告诉自己一定要拼一把，别给自己的人生留下遗憾！如果年轻的时候都因为害怕失败而裹足不前，那么这一辈子都不会活出自己的精彩！"

年轻人通常都没有过人的资历、没有深厚的背景，也缺少处事的经验，所以要想赢得成功，就必须点燃身体里的激情，一刻不停地去拼搏努力。年轻，就要去拼！只要你敢想敢拼，就能为自己创造更多的机会，就能为自己的人生赢得转机！

青春转瞬即逝，年轻人能够为了理想而拼搏的时间也就那么短短几年，为了不让人生有太多的遗憾，为了不让自己的青春留下太多的空白，无论你的梦想是否能得到别人的赞同，都应当全力以赴，勇敢地去实现自己心中的理想。很多年轻人往往在心中为自己勾画了美好的未来，但却欠缺实干能力。如果不付诸实际行动，想法也永远只能是空中阁楼，虚幻而缥缈。也许你想要做的事情不那么简单，有时候即使行动也不见得就能成功，但是短暂的青春里，年轻人就要拥有一股闯劲，只有行动起来，才能看到希望的曙光。

年轻人可以不成功，但绝对不能不成长。若是有一个梦想值得你去寻找，那就值得你为此做一个详细的计划，然后付出行动。你要学会对自己负责，要敢于拼搏，生命之权操之在己，不管别人有多少意见，作决定的终究是自己。为了不让自己后悔，为了给自己的青春留下弥足珍贵的回忆，年轻人请大胆去尝试值得你为之奋斗的事情吧！

勇于冒险，才能改变现状

冒个险吧！人生本来就是一场探险，最有成就的是那些敢于尝试的人，"安稳号"船舶无法离岸远航。

——卡耐基

在如今这个高度发达的社会，便捷的信息交流为每个年轻人都提供了更多展现自我的机会。但这也是一个激烈竞争的时代，无论干什么，都需要有强烈的开拓进取精神，否则就不能真正突破自我，创造出独特的个人价值。这就要求年轻人勇于改变，不怕冒险，这样才能在这个弱肉强食的社会站稳脚跟。

一个偶然的机会里，保罗·安德森决定拍摄一部具有创新风格的电影。这个想法在他脑海中转瞬即逝，但他敏锐地抓住了这个思想的火花。可当他冷静下来仔细分析了一番这个想法的可行性之后，心中的激情就马上冷却了下来。

这部电影虽然题材独特，但是市场前景却无法把握，而且拍摄难度非常高，无论是对演员的表演还是电脑特技的要求，都是前所未有的艰难。

保罗·安德森虽然在好莱坞不是那么举足轻重的大导演，但是他在电影行业也具有一定的影响力。因此，他身边的人都觉得冒险去拍这样一部"吃力不讨好"的电影实在不明智。

保罗·安德森为此陷入了纠结，一连几个晚上睡不着觉，但经过一番考虑之后，他还是决定冒一次险。于是便着手组织创作团队，将前期工作做好之后，又找到了电影投资方准备进行拍摄。虽然已经拿定了主意，但身边仍然有很多反对的意见，保罗·安德森于是给他们讲了发生在自己身上的一个故事。

"在我考取驾照的那段时间，我几乎是驾校里最出名的人物——不是因为我的驾驶技术好，而是因为我手脚太笨，学车的速度太慢。后来，我经过很多次练习才学会了开车，可随着在路上练车次数的增加，我内心里的恐惧也变得越来越大。就在这时候，我的教练对我说了一句话，他告诉我，雄鹰在小时候也要经过一段'菜鸟'时光！如果菜鸟不努力去尝试，那么就只能当一辈子的菜鸟。只有敢于冒险尝试才能接受风雨的洗礼，那么就能成长为一只雄鹰。这句话也改变了我的一生。"

保罗·安德森的话打动了大家，也同意了他的想法。不久之后，这部名叫《生化危机》的电影就投入了拍摄，并且成为了电影史上的一座里程碑。

生命最可怕的不是经历风险和挑战，而是为了一时的安逸而躲在一个看似安全的角落里，以为这样就可以平安无事地度过一生。日复一日的重复生命的旧时光，会将年轻人的天分和灵感一点点磨损，渐渐地会丧失创新精神，从而被历史所淘汰。而菜鸟之所以能够成为雄鹰，就是因为懂得敢于挑战新事物，敢于冒险。

要敢于冒险，年轻人还需要不断地积累知识，不断地学习新知识。这样才能发现更多的机会，而不是在守旧中度过青春。鸵鸟在面对危险时会把头埋进沙堆里，用俗语来说，就是"骨头不顾腔"，年轻人如果缺乏冒险精神，就会成为一只遇到危险就埋头躲进沙堆的鸵鸟。

年轻人站在同一个起跑线上，可以说都是菜鸟，可是只要你懂得挑战自己，不断地接受新事物并从中学习，将来就能成为振翅高飞的雄鹰！一份调查显示：大多数的企业家在提到自己的创业经验时表示，敢于冒险是创造财富的第一步。想要成就一番事业，就必然会承担一定的风险，但是年轻人在面对风险时要学会换个角度看待，把风险变成成就自己的阶梯，这样就能拾级而上，站在财富的顶端。

别为你的错误找借口

成功的人找方法，失败的人找借口。

——卡耐基

有的年轻人努力完成自己的工作，力求一个完美的结果；有的人则敷衍了事，一旦出现问题就避重就轻为自己找借口推脱。聪明的你肯定会发现，前者通常都能取得成功，而后者只能走向平庸。年轻人生命前进的旅程中，有时会抱怨自己缺乏机会，而这往往是在为自己的错误寻找借口，因为成功不但需要勇气去开拓进取，还需要勇气承担错误。成功人士不善于也不需要任何借口，因为他们能为自己的行为负责，能接受自己的错误，并在不断的犯错中得到提高。

巴顿有一个习惯，如果他想要提拔某个人，就会下令把所有的候选人集中到一起，让他们去挖战壕。但令人感到奇怪的是，这个战壕必须要8英尺长，3英尺宽，6英寸深。交待完这些之后，他就偷偷躲进放工具的仓库。当所有的候选人准备开始挖的时候，巴顿将军就通过窗户或节孔观察他们。

他看到有的军官把锹和镐都放到仓库后面的地上，在中间的休息时间他们会议论巴顿将军，什么要他们挖这么浅的战壕。有的人说6

英寸深的战壕还不够当火炮掩体。其他人则附和说，这样的战壕太浅。

要知道，这些候选人都是军官，本来他们是不应该干挖战壕这种普通的体力劳动的。最后，有个年轻的军官对所有人说："我们把战壕挖好后就离开这里吧，那个老东西想用战壕干什么都跟我们没关系。"

最后，这个军官得到了巴顿将军的提拔，因为他说："只有不找任何借口完成任务的人，才会成为一个优秀的人。"

年轻人无论做什么工作，都会生出一些抱怨，对自己所做的工作无法理解，甚至认为自己的上司"蠢爆了"，居然让自己做一些无法理解的事情。其实，就像巴顿将军所说的那样，不为自己找任何借口而认真完成工作的人，才是真正能成大事的人。对年轻人而言，无论做什么事情，都要记住自己肩负的责任，无论在什么样的工作岗位上，都要对自己的工作负责。不要用任何借口为自己开脱。要知道，无论你为自己找什么样的借口，是你该承担的责任永远都不会消失。

柏格作为一名刚进公司不久的新员工，其表现一直不错。但是有一次，他跟进的一笔业务突然被别的公司抢走了，给公司造成了一定的损失。事后，他向公司领导解释说，因为自己的胃病发作，导致自己迟到了一个小时。公司领导知道他工作一直很卖力，所以并未对他有任何责备之意。

工作中出现一次失误是可以理解的，但柏格自此次找借口推脱责任后，心里很得意。以后每当公司要他出去洽谈一些困难较大的业务时，他都找各种理由推托。于是，在一次次的推托中，公司领导便渐渐将他忘了，转而将一些重要的任务交给别的员工去做。柏格见领导不再将一些困难的任务交给自己，心里还暗自庆幸自己的小聪明占了便宜。

如此种种，柏格越来越擅长找借口推脱任务，一碰到难办的业务能推就推，好办的差事能抢就抢。一旦没有按时按量地完成工作，他就找出种种借口为自己开脱。

一年后，柏格列在被裁员名单的第一位。

这个消息犹如当头一棒，柏格气愤地去找领导，但领导一席话说得他哑口无言。领导是这样对他说的："你曾经为公司做出过很多业绩，但是你想想，这一年来你都干了些什么？不但没有业绩，而且还给其他同事带来了负面影响……"

年轻人常常为了寻找一个合适的借口而浪费无数脑细胞，因此也耽误了自己的前程。要知道，工作不努力、不认真，一遇到难题就找借口推托，这样只会让你错过一次又一次挑战自我、取得成功的机会。

其实，年轻人为自己找借口是纵容自己的懒惰。当你要付出劳动或要做出抉择时，总想让自己轻松些、舒服些。这时就会想到一个便捷的方法——找借口。在心里暗示自己因为某原因而不能做某事，久而久之你的潜意识里就会认为这是"理智的声音"。假如这正是你的习惯，那么请你一定要纠正它。

年轻人在面临挑战时，总会为自己未能实现某个目标而列举出无数个理由。俗话说"想要做一件事，只要一个理由就可以；而不想做某事的时候，你就找出千百个理由来"。年轻人想要正确地经营人生，就要学会抛弃所有的借口，找出解决问题的实际方法。成功的原因各不相同，但也有很多共同点，其中之一就是：不为自己的错误找借口。

勤奋是获得成功的习惯

人若不勤劳，一定无荣耀。

——卡耐基

　　曾经，为了寻找到一条通向成功的捷径，很多人想破了脑袋，有人说投机取巧能迅速取得成功；有人说找一个有力的靠山才是成功的关键，可当众里寻它千百度之后才发现，"勤"才是成功唯一的捷径。从古人到今人，人与人之间始终存在着天赋的差别，但光靠天赋是做不成事的。

　　天赋是天边飘忽不定的云彩，是水面闪耀的流光，只能用来欣赏，但并不能真正被你拽在手中，踩踏在脚下。天赋就像呼出的气，属于你，但又不完全被你拥有。一个人最终能否有所成就，甚至为社会进步做出较大贡献，往往并不仅仅有天赋决定，而更多的则是与一个人的勤奋密切相关。所以我们想要成功就离不开——勤奋。

　　张生是一个大户人家的子弟，从小就爱钻研一些稀奇古怪的道术，他听人说离家不远的山上有一个得道的仙人，就慕名而去，想要学个一招半式回来。

　　张生在清幽静寂的道观中，看见一位老道正在蒲团上打坐，只见这位老道满头白发，精神清爽。张生连忙上前行礼，并提出要拜他为师。道士说："只怕你娇生惯养，不能吃苦。"张生连忙说："我能吃苦。"老道便把他留在了庙中。第二天，张生在师父的吩咐下随众人上山砍柴。

　　这样过了三个月，张生的手磨出了厚厚的一层茧子，他受不了这种无趣的生活了，便暗暗产生了回家的念头。又过了一个月，张生失去了耐心，可是老道仍然不传授给他任何道术。他等不下去了，便去向老道告辞说："弟子前来投拜您，不指望学到什么长生不老的仙术，但您可以传授一些雕虫小技给我，可我来了这么久，你却一星半点都不教给我。"

　　老道耐心地听完后问："你想学什么呢？"张生说："我想学师傅的穿墙术。"

老道笑着答应了他，并领他来到一面墙前，向他传授了秘诀，并且当场试验一番。张生高兴极了，向老道致谢。但老道告诫他说："回去以后，要勤加练习，否则法术就不灵验了。"说完，就让他回去了。

张生回到家中兴奋不已，将老道的"勤加练习"抛到脑后，立刻跟邻居街坊说自己可以穿墙而不伤丝毫。但周围的人都不相信。于是，张生按老道的法子，在离墙壁数尺外站住，一低头猛冲过去，结果一头撞在墙壁上，立即昏倒在地。

生性懒惰，却又想不劳而获得道成仙，结果只会让自己在人前献丑。年轻人带着懒惰上路，必定会碰壁。没有哪个年轻人的才华是与生俱来的，在成功的道路上，除了勤奋，没有任何捷径可走。每一个年轻人都希望自己能够爬上成功的顶端，都想领略一番成功的美景，而成功不会轻易予人，只有那些保持勤奋的人，才能用自己勤劳的双手获得幸福与快乐。

对于普通的年轻人来说，勤奋是成大事的第一秘诀，伟大如爱迪生曾感慨"成功是 99％的汗水加上 1％的天才"。那么年轻人请相信自己，身份、地位、物质都不是影响你成功的因素，勤奋才是成大事的好习惯。

但年轻人也要学会灵活运用，虽然说"勤能补拙"，可年轻人也要遵循一个原则：要找到适合自己的方向，"勤"才能起到"补拙"的效果，否则就如南辕北辙，越"补"离目标越远。人如果不能遵循自己所擅长的方向去努力，那么越是坚持，越是自我为难，损耗自我，最后即便成功也如范进中举般，丝毫不会给你带来优越感。

俗话讲"天道酬勤"，"天"就好比年轻人的天赋。人人都有自己的天赋，在天赋这块土壤上种事业的种子，做自己擅长做的事，辅以勤劳，埋下的种子才会发芽。

第十课
勇气，彩虹只在风雨后

人生没有坦途，各种风风雨雨是人生的必修课。但没关系，因为青春本来就是用来拼搏，用来闯荡，而不是用来坐享其成的。多一点自信，多一点挑战风险的勇气，才能披荆斩棘，才能走上成功之路。年轻人还要适当多一点『无知』，不要给自己假设太多的困难，这样目标更容易完成。想要经营出一份成功，还要摆脱懦弱，成为一个敢于面对现实，敢于承担责任的人。所有的失败，都是另一种收获，是通向成功的必经之路。找准自己的位置，选择一个更适合的目标，才能少走弯路，让自己的成功更快捷。年轻人还要学会体验生活中的一切，得志之时不得意忘形，遇到挫折也不自甘堕落，宠辱不惊，按照自己的步调踏踏实实前进，走向成功。

年轻不能安逸

在人生的道路上，当你的希望一个个落空的时候，你也要坚定，
要沉着。

——卡耐基

如果让年轻人选择人生的旅途，恐怕没有人愿意选择一条坎坷不
断、荆棘丛生的羊肠小道，更多的人往往会愿意选择在一条宽阔、平
坦的道路中前行。毕竟在风平浪静的水面荡舟，比在骇浪惊涛中掌握
命运之舵要轻松得多。但实际上，年轻人在青春美好的时光里，是不
应该太过安逸的。年轻是用来拼搏，是用来闯荡，而不是用来坐享其
成的。

俗话说"初生牛犊不怕虎"。年轻人有精力，也有勇气面对人生中
的艰难，当你挺过这风风雨雨之后，这些宝贵的经验变会转化为你的
养料，让自己变得更成熟、更睿智。安逸的青春会让年轻人变得胆怯，
缺乏冒险精神，守成有余而开拓不足，这会使你在以后的人生里始终
困在一个小格局里。与那些经历过考验的年轻人相比，青春太过安逸
的人往往会失去竞争力，只能在竞争中甘拜下风，而这往往会成为人
生的分水岭。

有个中年人始终觉得自己的生活不太令人满意，于是他特地跑去
请教一个有名的算命先生。算命师摆弄了一阵这个中年人的生辰八字
后，对他说："你30岁以前，生活过得还算富裕，家里丰衣足食，你
不曾为生活而操劳。但你32岁那年，家里发生了变故，从此生活就开
始变得不如意了，对不对？"

中年人听了大为惊讶，觉得算命先生简直是未卜先知："大师，您可真厉害！我这几年简直流年不利，命运很坎坷，再过几天我就40岁了。那您看我40岁以后会不会有所改变？"中年人充满了期待地等待算命先生的答案。

"40岁以后？40岁以后你依然像现在这样贫穷。"算命先生说。

中年人疑惑地问算命先生，"为什么呢？"

"因为你已经失去锻炼的机会了，从此以后你会习惯你的贫穷。"算命先生答道。

一时的安逸，换来的却是一辈子的贫穷，这实在是得不偿失的选择。人生不能太安逸了，否则就容易使人变得懒惰，经不起风雨和挫折，自然更会一事无成。相反，一个人如果在年轻时经历过重重磨难，就会激发出不断奋斗和战胜困难的勇气，能最大限度地开发年轻人的内在潜能，从而更好地实现自己的人生价值，取得更大的成绩。

布鲁克是一个很有爱心的人，他平时也很亲近小动物。在他的世界里，动物跟人一样，是平等的，是应该受到保护的。在离他公寓不远有一块水草茂盛的湿地，每年冬天都有成群的大雁在这过冬。

有一年，布鲁克善心大发，带了很多食物去喂大雁。到了大雁再次启程的时候，布鲁克惊讶地发现，那些被他喂肥的大雁再也飞不起来了。布鲁克感到很诧异，大雁迁徙是世世代代延续下来的习惯，它们这"祖传"的本领居然因为自己几个月的善心而发生了改变。

布鲁克不相信自己因为好心办了坏事，这时他的邻居麦克对他说："充足的食物会改变动物的本性，原本大雁为了获得足够的食物而养成了迁徙的习惯，可是因为你解决了它们的后顾之忧，消磨了它们的斗志，所以它们变懒了。"

布鲁克诧异之余也感到惭愧，他希望那些大雁能慢慢适应没有食物的日子，慢慢的找回自己迁徙的本领，否则，等待它们的将会是

......

　　动物会因外界条件变化而改变，那么人类也不会例外，人类的意志也会因安逸的生活而消磨。年轻人无一例外怀有高远的志向，但你抵挡不住安逸生活对你的吸引，最终你的斗志被磨灭，你开始变得安于现状，变得随遇而安。这种经历也许很多年轻人都体会过，甚至一些人因为当了一回"贪吃的大雁"，而失去一次绝佳的机会，最后抱憾终生。

　　生活中有太多的诱惑，但这些诱惑都是暂时的，丝毫不会带给你长久的利益。有时候一部电视剧让你魂牵梦绕；有时候是一个新奇的电脑游戏让你乐不思蜀……这些日常生活中的琐碎一点点侵蚀年轻人的时间。这些以看上去如此悠闲的生活内容让年轻人沉迷其中，它们让蓬勃朝气的青春慢慢变得颓废，如同慢性麻药渗透年轻人的思想。因此，年轻人需要有足够的免疫力来抵当安逸，学会在忙碌中放松，学会在忙碌中调整心态，经营出一番有成就的人生。

勇气是战胜危机的良药

　　想要培养勇气，多做你所恐惧的事，一直到积累了许多成功的经验。这是目前所克服恐惧最快最有效的方法。

——卡耐基

　　年轻人抬头看看周围，在形形色色的人中间如果你发现身边有很多人比你更杰出、更优秀，请不要懊恼，那不是因为他们更得上天的垂青，事实上你和他们一样优秀，只是他们更多了一份勇气。那些优秀的人只是多了一份自信，多了一份挑战风险的勇气。仅仅是这一点，就决定了每个人的人生将踏上完全不同的成长之路。

虽然成功需要运气，但有了运气之后还要有勇气去尝试，这样你才能够抓住机遇。如果没有勇气，不敢去尝试，你永远都不会拥有任何机会。有勇气的人不怕面对风险，相反，他们更愿意逆风而进，而愿意冒风险的人往往有机会得到更好的回报。年轻人，当你考虑自己是否需要鼓起勇气去做某些事情的时候，不妨客观地把风险和回报做个对比，你就会发现，如果害怕风险，你将永远无法前进。

巴克和塞西尔是对好朋友，一次，他们俩相约一同去墨西哥旅游。便利的交通让两个年轻人的愿望很快就实现了。到了墨西哥的第二天，巴克和塞西尔便按计划去各个旅游景点游玩。本来他们说好了要徒步旅行，可是没想到由于平时习惯了开车，还没走多久就累得气喘吁吁了。两个人站在空旷的公路上，大眼瞪小眼，一时都没了主意。

这时候，一辆汽车迎面开来，塞西尔连忙跑上去挥舞着双手想搭个便车。对方停下来之后，塞西尔上前去说出了自己的请求，可是开车的是一位中年女性，因此对两个年轻小伙子抱有戒心，她无奈地耸耸肩膀，继续飞驰而去。

在随后的半个多小时里，塞西尔又拦了几辆车，可这些车辆里不是坐满了人，就是不愿意搭载他们。其中一个中年男人还恶意地对着塞西尔冷冷地哼了一声。看到这个场景之后，巴克心里非常不是滋味儿，他自尊心受到了挫伤，但是又没有别的办法。

很快，公路上又只剩下了巴克和塞西尔两个人。巴克被刚才的事情打击到了，因此他劝塞西尔不要再拦车，咬紧牙关坚持走下去也可以的。塞西尔听完巴克的话，不停地摇头。

"我知道你的意思，你不是不想坐车，而是觉得陌生人的拒绝让你自尊心受到了伤害。可是一个人如果太在乎面子，往往就会更丢面子。因为你太在乎别人的看法，太在乎自己的形象，那么你就会受到牵绊。

抱着这种心态做起事情来就会畏手畏脚，无法发挥出自己的能力。然而，一个不敢发挥自己的人是谈不上有面子的。"

塞西尔说完，又继续拦车。巴克站在原地，细细体会着塞西尔的那些话。最后，在塞西尔的努力下，这两个好朋友终于搭上了一辆车，愉快地到达了目的地。

勇气对年轻人的影响不仅体现在人生事业上，也体现在日常生活中。巴克和塞西尔在面对困难的时候，不同的表现就会导致不同的结果。巴克不愿意放下自尊，他没有勇气面对陌生人的拒绝，而塞西尔则相反。

年轻人要懂得，人从尘土中来，在尘土中消失，不管你怎样生活，最后都要归于尘埃。既然如此，又何必被世俗约束了自己的手脚，年轻人要遵循自己内心的指引而活，而不是为了别人的眼光生活的。别因为胆怯而放弃拼搏的勇气，如果把脸面看得太重，就容易产生紧张焦虑，进而影响到自己的行为，从而为失败埋下隐患。

年轻人别太在乎那些外在的东西，你的人生才能轻松，才能活出自己的精彩，这样才是勇敢者的人生。当机会摆在你面前的时候，年轻人要敢于放弃已经获得的一切，尽管这需要相当大的勇气，但是你会因此而获得更多。

勇敢不是用强健的体格来证明，而是年轻人能用坚强的意志摆脱那些束缚自己的枷锁，从而让自己的才华彻底地挥洒，进而活出属于自己的风采！

自信是获得成功的必修课

只要你不认为不可能，你就不会被打败。

——卡耐基

年轻人要想取得成功不仅需要个人的才干，还需要自信，当你拥有足够的自信时，才能走上成功之路。自信，是年轻人对自己能力的感性评估，是对自身力量的一种确信。有自信的年轻人深信自己一定能做成某件事，实现所追求的目标。事实上，很多思路敏锐、天资聪颖的人也无法发挥他们的长处，走向成功之路。这并不是他们懒惰或是其他，只是因为他们缺少信心。

现代社会没有人甘愿被挂上平庸的标签，这是一个人人都渴望成功的时代，但成功最需要的条件是自信、勤奋、能力和正确的方法等等，这些都是成功的必然条件，但想要获得成功最需要的还是自信。惟有它，才是成功的首要条件。

爱因斯坦是现代物理理论的创始人，他曾经是诺贝尔奖的获得者，但这些都是人前的成就，在他成功的背后，也曾经历过磨难，甚至因为对自己没有信心，差点放弃自己的学业。因为母亲在生他的时候遇到难产，所以爱因斯坦从小就被家人认为是不祥之兆。到三岁多了还不会说话，父母一度怀疑他是哑巴，还曾带他去医院检查过。再后来，他总算开口说话了，但只是勉强能让人听懂，因为他发出的每一个音都像是经过一番吃力的思考之后才说出口的。

再大一点的时候，爱因斯坦上学了，可同学们都不愿意跟他交往，老师甚至毫不客气地对他父亲说："爱因斯坦智力迟钝，不守纪律，他将来只适合成为一名屠夫。"爱因斯坦因此极度自卑，在同学面前几乎抬不起头来，整天只想着如何逃离学校。

一天，父亲带他到野外散心时，指着两棵树说："你知道前面那是两棵树叫什么名字吗?"

爱因斯坦摇摇头说："不知道。"

"瞧，那颗高的叫沙巴，矮的叫冷杉。你觉得哪棵树更珍贵?"父亲问爱因斯坦，他想了想说："应该是沙巴树，因为它长得笔直又高大。"

"错!"父亲说，"长得快的树木质通常都疏松，而长得慢的树却木质坚硬，这样的木头才珍贵呢。而且，贪长的树很难成材，你别看沙巴树现在长得快，可他只长三年，之后就停止生长了。而冷杉却不同，它能始终如一地坚持生长，而且寿命极长。所以，最后胜利的是冷杉。"

爱因斯坦仰着头，看了看眼前那颗冷杉说："爸爸，您是想告诉我，对自己要有信心，才能成为一棵虽然长得慢但是永不放弃的冷杉，对吗?"父亲满意地点了点头。

从此，爱因斯坦不再逃学了，并经过不懈的努力，终于成为了二十世纪最伟大的物理学家、思想家和哲学家。

自信是年轻人对自己的能力有充分肯定时的一种心态，也是帮助年轻人战胜困难取得成功的力量。爱默生曾经说过："自信是成功的第一秘诀。"自信是年轻人在学习与工作过程取得成就的一个重要因素，年轻人只有时刻充满自信，学习才会取得进步，才能把工作做得漂亮，才能在事业上取得成功。

莎士比亚也曾说过："自信是迈向成功的第一步。年轻人在付出努力的同时，还要方法得当，更要对自己充满信心。"在生活中，同样条件下，可有些人就是比其他人更成功，赚更多的钱，拥有让人羡慕的工作和良好的人际关系，过着高品质的生活，而另一些人这忙碌地劳作却只能赚得维持生计的财富。

其实，人与人之间并没有多大的区别，对于这种现象，心理学家是这样解释的：当一个对自己充满自信的时候，大脑思维就比较活跃，容易产生灵感和创造力；相反，当一个对缺乏自信的时候，大脑活动就会受抑制，很难进行创造性思维。

其实自信也是一种勇气，一位哲人说：你的内心才是你真正的主人。它将决定在命运跟前，到底是谁做主。那么，年轻人，对自己充满信心吧，它将成为你经营人生的重要一课。

别被虚构的困难吓倒

面对看似巨大的打击，不要逃避。你将惊讶地发现，恐惧正在节节消退。

——卡耐基

苏格拉底曾说："我无知，所以我求知。"年轻人总是希望自己通晓得越多越好，无论是教科书上的知识，还是社会上的人情世故，总之，不希望自己被人说成"无知"。其实，年轻人无论在工作还是生活中，重要的不是知道什么，而是不知道什么，知道自己的"不知"才能更好地完善自己。

柏拉图也曾说："不知道自己无知，乃是双倍的无知。"年轻人脑袋里塞的东西越多，就越难发现自己的无知之处。但是有时候，这种"无知"却可以给年轻人增添一些勇气。当一个人不知道前方会遇见什么危险的时候，可能会更具有勇气和智慧。但年轻人在某种程度上处于"无知"状态的时候，受到外界因素的干扰较少，所以就能保持轻松的心态越过障碍，这种"无知"显然是能为年轻人带来正能量的。

公孙有一次去山野游玩，走到半途想歇息一会，于是他就在山路边坐下休息，正在这时一只黄蜂在他的脚腕上蜇了一下。但是公孙并没有发现那只黄蜂，他摸着脚腕上那个因黄蜂蜇过而肿胀的包，心中感到非常恐惧，因为曾经听人说过，山里生长着一种毒虫。它平常躲在暗处，只要有人从它旁边经过，它会突然跃起朝行人咬上一口，令人防不胜防。而且，公孙还听说被这种毒虫咬了之后，只要走出十步就会丧命。

想到这儿，公孙觉得脚腕愈加肿痛了，甚至开始传到全身的每一根神经。他肯定自己是被毒虫咬了。但他也很庆幸自己当时在听人说这件事情的时候，曾跟人家请教过解救的办法，就是：只要原地不动，在心里默念"毒虫、毒虫"，一直到日落西山时，毒性就会解除。

于是，公孙站坐在原地，口里默默地念着咒语。但是他的内心仍然非常恐惧。因为不敢肯定这个咒语是否灵验。从他身旁经过的平民都用诧异的眼神看着他。结果，还未等到日落，公孙就晕倒在山上。

最后，公孙被路过的人救起，送到山下的大夫那里救治。大夫经过检查后发现，公孙是因为中暑晕倒的，待他醒过来之后，医生便询问公孙中暑的经过。

公孙告诉医生，他在山上游览时，可能是被毒虫咬了，所以就用传说中的那个办法，默念咒语解毒。谁知大夫听完忍不住笑了，告诉公孙说：毒虫只是一个传说。

公孙惊讶地问："难道山里没有毒虫吗?"

大夫说："凡是居住在这座山里的人，还没有听说谁被毒虫咬伤了的。"

公孙听完之后，满面惭愧。

年轻人心里的想法很多，但却常常因为想象中的困难而产生恐惧。内心的恐惧是一种很容易感染的病菌，当你的内心稍显脆弱时，它就会趁机侵入，使你的生活变得痛苦。有时候，年轻人不是被对手打败，而是输在了内心的恐惧。年轻人只有学会抵抗内心的恐惧，不被虚构的困难所吓倒，才能冷静、坦然地面对眼前的路，才能经营出一个坚强的你。

年轻人要想把梦想变成现实，就要付诸行动，但在将想法具体化的思考过程中，很容易陷入过多的设想中，将未来可能出现的困难设想得太多。一旦陷入这个误区，这些被想象出来的困难就会对年轻人产生负面的影响，使你由最开始的踌躇满志变成畏首畏尾。

生活中，遇到实际的困难，年轻人不应该退却，那么，想象中的困难就更不能让你胆怯。正所谓"年轻没有失败"，失败的体验对年轻人来说是一件好事，因为有了失败和挫折，我你才能在失败中总结分析、吸取经验教训，将失败这件原本让人懊恼的事转化为宝贵的财富。

从另一角度说，失败并不会对年轻人造成太大的影响，无非是耗损一些时间，但你还可以从头再来。人生需要规划、需要目标，但如果年轻人把未来看得太长远，那些模糊的困难也许会把你吓倒，最后导致你半途而废。因此，年轻人适当的时候可以多一份"无知"，不要给自己假设太多的困难，相反，应该把自己的目标按月、周和天来分解，这样目标再大也能完成。

摆脱懦弱才能走得轻松

优柔寡断是人们为了维持自尊和表面上的优越。

——卡耐基

成功只有一种，而失败的原因却五花八门，其中之一叫做懦弱。懦弱本是心理学名词，特指那些在心理上胆小怕事，不敢面对现实的人。但随着生活压力的增加，安全感成为了人人都缺的"宝贵资源"，于是越来越多的年轻人心理承受能力降低，不愿接受和面对生活中的挫折，这样就养成了懦弱的性格。

卡耐基认为，在人生漫漫长路中，年轻人必然会遭受许多不愉快的事态，而对待这些让人烦恼的事情通常只有三种方法可供你选择：一是把那些已经发生的事，当做不可逃避的事实，学会接受它、适应它；二是抗拒它们从而干扰到自己的生活；最后则是为这些无法改变的事烦闷而陷于纠结之中。聪明的你应该明白，如果想要成功经营人生，就必须选择学会直面挫折，除此之外别无选择。

一只猛虎为害人间，伤了村里不少人畜，吓得农夫不敢下田耕地，商户无法外出经商，大人不敢让儿童独自上街嬉戏。到最后，村里的每个人都不敢外出了。

由于这只猛虎严重干扰了村民的生活，大家无奈之余，便到山上一位大师那儿去求救，听说这位大师讲道时连顽石都会被点化，无论多凶残的野兽都会被驯服。

不久之后，大师就用自己的修为驯服并教化了这只猛虎，不但教导它不可随意伤人，还教给了它许多为人处世的道理。而猛虎从此也仿佛有了灵性一般，不再与村民作对，反而变得温顺起来。

慢慢的，村民们发现这只猛虎完全变了，甚至还变得懦弱起来，于是带着复仇的心理纷纷欺侮它。有人拿竹棍打它，有人拿石头砸它，连一些顽皮的小孩都敢去逗弄它。

某日，猛虎遍体鳞伤、气喘吁吁地爬到大师那儿。"你怎么了？"住持见猛虎这副凄惨的模样，不禁大吃一惊。

"我……我……"猛虎一时间为之语塞，只留下两滴晶莹的泪珠儿。"别急，你可以慢慢说！"大师的眼神里满是关怀。"你不是教导我应该与世无争，要跟村民和睦相处，不要再继续伤害人畜吗？可是你看，自从我听了你的话，不再与他们为敌之后，他们却反过来伤害我，根本不尊重我。"猛虎气愤地说。

"唉！"大师叹了一口气后说，"我只是教导你不要伤害人畜，并没有不让你龇牙咧嘴警告他们啊！要知道，一只懦弱的老虎无法得到村民的敬畏，因为你不再具有威胁性，人们自然也就不把你当回事啦……"

当一只老虎表现出懦弱的时候，人们便会嘲弄、欺负它，同样，当一个人因为胆小而不敢面对人生中的挑战时，他人自然也不会将其当成一个强有力的对手，甚至还会产生轻视的心理。对年轻人来说，如果想要经营出一份成功，首先就要学会摆脱懦弱，成为一个敢于面对现实，敢于承担责任的人。

鲁迅先生有名言："真的勇士，敢于正视淋漓的鲜血"。现代社会，也许年轻人不必面对"血淋淋"的现实，但却要懂得在现实面前做到不退却、不胆怯，无论是挫折打击、还是人生意外。因为但你面对那些无法回避或无法使其改变的事实，即便心里怒火中烧也无济于事，事实的发展是不会以你的意志而转移，它甚至根本不会在乎你燃烧的情绪，你的表演无人欣赏，只会白白给自己增添烦恼。

年轻人要明白，无论多么糟糕的事实也总有过去的一天，你不会永远生活在人生的低谷，但是，要想用时间改变自己的生活状态，就要学会摆脱懦弱，坦然接受事实，用平静的心态面对人生的不如意，让时间来改写生活的挫折。当你学会走出懦弱的阴影，就能轻松上阵，为自己聚集足够的生存智慧和经验。

体验过失败才能承担更大的责任

只要你深信自己做的是对的，就不要让任何事情拖累你。世上的丰功伟业无不是对抗"不可能"的结果。重要的是不计困难，完成工作。

——卡耐基

一帆风顺是人们对生活的美好期待，可事实上，年轻人的生活中总会与一些挫折不期，就好像一艘在海上行路上的船只触到了暗礁般，让人束手无策，焦头烂额，甚至懊悔得直想穿越时空回到过去。但是年轻人必须懂得，聪明的人并非从未遇到过困难，而是因为他们在拼搏的路途中能够勇往直前，能够在失败中得到另一种收获，才有了后来的成就，成为众人所羡的佼佼者。

因此，年轻人要学会接受挑战，学会在失败中变得坚强，学会培养自己战胜失败的勇气，这也是许多成功者一直自我鼓励的座右铭，也是经营成功人生的必然前提。当年轻人有勇气直面生命中的坎坷，能积极想办法解决的时候，其实你就已经成功一半了；倘若只是一味地躲避失败，遇到困难就放弃，那将永远无法触摸到成功的皮毛。

从哈佛大学毕业的肯尼迪一直是全美国人的骄傲，同时他也是哈佛的骄傲，为了纪念这位伟大的人物，哈佛大学甚至专门建立肯尼迪政治学院。然而，肯尼迪总统的成功是与父亲对他的教导分不开的。肯尼迪的父亲从小就注意培养肯尼迪坚韧的性格和不怕失败的心态。

有一次父亲赶着马车带肯尼迪出去游玩。在一个拐弯处，因为马车速度快，猛地把肯尼迪甩了出去。当马车停住时，肯尼迪还保持摔倒的姿势躺在地上，因为他以为父亲肯定会下来扶他的。但父亲却坐在马车上慢悠悠地掏出烟斗，开始吸起烟来。

肯尼迪叫道："爸爸，快来帮我。"

"你摔疼了吗？"父亲问。

"是的，我觉得可能我的腿断了。"肯尼迪带着哭腔说。"那也要坚持站起来，重新爬上马车。"父亲斩钉截铁地说。

于是肯尼迪只好挣扎着自己站起来，摇摇晃晃地走近马车，艰难地爬上去。

父亲挥舞着鞭子问："你知道为什么我不去帮你吗？"肯尼迪摇了摇头。父亲接着说："以后你要走的路还很长，你的人生将会重复跌倒、爬起、奔跑、再跌倒、再爬起……因此，在任何时候你都不能害怕失败，要学会一切靠自己完成，没人会去扶你的。"

从那以后，父亲对肯尼迪的教育更为严厉，并经常带着他参加一些大型社交活动，教他学习怎样礼貌地向客人打招呼、道别等等。一次，一位客人问肯尼迪的父亲："他还这么小，您这么要求他，是不是太苛刻？"谁料肯尼迪的父亲回答："哦，我这是在训练他当总统呢！"

肯尼迪的成功，源自他从小就被父亲教导，要懂得在失败面前爬起来。现在社会的年轻人也一样，当意外突然降临时，不要慌乱，不要逃避，更不能变得颓废。要知道，上天给在磨炼你的同时，作为回报，还会给你一种优秀的品质。

每个人都期待成功带来的满足感和成就感，那么年轻人该如何经营好自己的人生呢？

首先，你要做到的是不怕失败，在失败中看到积极的一面。这是取得成功的积极心态，是渴望成功的必修课。对于年轻人来说，虽然处境艰难和失败的人生，这样的打击会给你带来困扰、忧虑，但你更应该将这些压力变为动力，从中找出新的出路。

其次，要学会直面挫折。其实解决失败最好的办法只有一个——勇敢面对。逃避只能解决一时之忧，并不能从根本上解决问题，"眼不见心不烦"这种掩耳盗铃的方法并不适合想要有一番作为的年轻人。而且一旦养成逃避的习惯，在以后的生活中就会节节败退，最后无处可躲。

每个年轻人都应该知道，没有谁的人生是能永远平静的，那样的青春反而会太死板、太平静，有酸甜苦辣才有世间百味，生活才变得多姿多彩。年轻人随时都会遇到不同的失败，比如事业、感情、生活等等。这些都是无法逃避的。同时还应该认识到，人的一生是需要体验一些挫折的，所以失败并不完全是坏事，因为只有体验过失败，看到了自己的不足，才能做出更大的成就，才能承担更多的责任。

心态决定你的成败

凡事只要看得淡些，就没有什么可忧虑的了。

——卡耐基

俗话说"一个人的事业能走多远，就看他的心态有多宽"，有什么样的态度，就会做出什么样的成就。年轻人好胜心强烈，有时难免会偏离自己的本意，被一些外在的事物干扰，结果越走越偏，让自己掉进痛苦的陷阱。其实，年轻人不必太在乎生活中发生了什么事，重要的是你对事情的看法和态度，而态度对你的影响是深远而长久的。生命的质量由自己决定，如果你能用乐观、积极、平和的态度对待人生，那么你就能体验到成功的美妙。

一百多年前，一位牧羊人每天都要带着两个幼小孩子出去放羊。一天，牧羊人和两个孩子把羊赶到一个山坡时，孩子们在抬头间，恰好看到一群排成人字形的大雁鸣叫着从他们头顶飞过。看着大雁很快消失在远方，两个孩子还在伸长脖子张望。

"爸爸，大雁要往哪里飞？"牧羊人的小儿子问父亲。牧羊人回答："大雁要飞到很远很远的地方去过冬，这里太冷啦，大雁不走就要挨冻啦。等明年春暖花开的时候，它们就会再飞回来。"

"要是我也能像大雁那样飞起来就好了。"大儿子突然说道。"是呀，要是能变成一只会飞的大雁该多好啊！"小儿子也羡慕地说。父亲沉默了一会儿，然后对两个儿子说："如果你们想，就可以飞起来的。"

"真的吗？"两个儿子兴奋地问。可是马上，他们就露出了怀疑的目光。

"真的，不信我飞给你们看。"牧羊人说着张开双臂，做出飞翔的样子，但是他没有飞起来。两个儿子失望地看着父亲。"父亲现在老了，所以才飞不起来，可是你们还小啊，肯定能飞起来的。"父亲鼓励地说。

父亲的话鼓舞了两个儿子，他们明白：只要敢想、敢做，就一定会有希望的。果然他们做到了，他们成功地发明了飞机，他们让千百年来的希望成为了现实，他们让人类摆脱了地心引力的困扰，能在蓝天下翱翔……他们，就是莱特兄弟。

"不积跬步，无以至千里；不积小流，无以成江河。"再长的路，只要一直走在路上，就能走到终点，只要年轻人能从身边的小事做起，成功也会变得简单起来。但是，这要求年轻人有良好的心态，在遭遇挫折时不气馁，取得成就时不骄傲，用平常心面对人生的成败才能让自己的人生不留下遗憾。

积极、乐观的心态是促进年轻人成功的动力。心理学专曾经做过一次统计：每个人每天产生的新想法有将近五万个。如果你具有积极、乐观的心态，就能使这五万个想法变成现实。反之，如果你用消极的心态面对内心的"好点子"，可能就无法抓住这些一闪而过的思想。

年轻人在追逐成功的同时，也不能忽略生活的本质，只有快乐的生活才能带来良好的状态，继而使你产生积极的心态，这样的人生才是最完美的。任何事情都有正负两面，积极心态的人看到的永远是好的一面，而消极的心态的人只能看到坏的一面；积极的心态能从坏消息里找到好消息，而消极的态则只会在好消息里捕捉坏消息。成功需要年轻人拥有很多优秀的品质，但无疑积极的心态是最重要的。积极的心态像太阳，让你所见之处充满希望，积极的心态能让年轻人不断给自己正面的暗示，指引他们经营成功的人生。

找对自己的位置，别庸人自扰

世上人人都在寻找快乐，但是只有一个确实有效的方法，那就是控制你的思想，快乐不依赖外界的情况，而是依靠内心的情况。

——卡耐基

每个年轻人的内心深处都希望自己能够出人头地，能够高人一等，因此给自己立下太过伟大的目标。但是年轻人别忘了，目标必须要适合自己才有可能结出饱满的果实。一味给自己树立过于远大的目标，只会让自己体验失望，如果不及时对目标作出调整，就会增加失望的感觉进而开始感到迷茫，最后失去进取的动力。那么，年轻人只有选择一个适合自己的目标，找对适合自己的位置，才能减少烦恼，让自己在通向成功的路途中增加信心。

一天，一个失意的年轻人在海边散步。正好看到有几个人正在岸边钓鱼，还有一些人在欣赏海边的风景。只见那位垂钓者竿子一扬，一条足有两尺长的大鱼在鱼钩上挣扎。可是那位钓鱼的人却用脚踩着大鱼，解下鱼嘴内的钓钩，便将这条肥美的鱼儿丢进了大海。

他的举动引起周围的人一阵惊呼，大家都认为他已经钓到这么大的鱼了还不满意，还真是雄心壮志呢！就在众人屏息以待之际，钓者鱼竿又是一扬，这次钓上的又是一条两尺长的鱼，钓鱼的人却看都不看，又顺手扔进海里。

接着，钓者的鱼竿第三次扬起，只见一条不到一尺长的小鱼在鱼线上活蹦乱跳。围观的人以为这条鱼太小，肯定会被放回的，不料垂钓者却将鱼解下，小心地放进自己的鱼篓中。游客百思不得其解，就问钓者为什么放掉大鱼，却要了这小鱼。

可是，钓者的回答却让众人诧异，他说："我家最大的盘子只有一尺来长，太大的鱼钓上来没有合适的盘子装呀！"

失意的年轻人听完钓鱼者的一番话，顿时释然：原来在人生的道路上，找到适合自己的目标才是最重要的，否则就会永远在不满足的情绪中挣扎。

年轻人常常胸怀大志，却容易误解成功的定义，认为成功就是高高在上，站在人群的顶端，否则就是生活的弱者。其实，成功并不是要打败别人，重要的只是超越自己。俗话说"人比人气死人"，最高点永远只有一个，但每个人所擅长的方面却不一样，只要能充分发挥自己的才华，不给人生留下遗憾，又何必为那些身外之物而烦恼呢？

东门是一个渔夫，因为祖祖辈辈都居住在海边，也是练得一身打渔的好本领。可他却有一个不好的习惯，就是为人固执，而且爱"跟风"，见到隔壁的渔夫打什么鱼卖，他也坚持一定要打同样的鱼，不管自己渔网里有什么，只要认准了目标就誓不罢休。虽然一次次碰壁，却又每每将错就错。

这年夏天，他见隔壁的渔夫打章鱼赚了很多钱，于是便立下誓言：这次出海只打章鱼。但他运气不好，打上来的全是螃蟹。于是他只好空手而归。可上岸后，他得知隔壁的渔夫这次打的是螃蟹，并且还卖了个好价钱。

第二天出海，他把注意力全放到了螃蟹上，可这一次遇到的却全是章鱼，他只好又空手而归。晚上，东门躺在床上，为自己的行为懊悔万分。于是他又发誓：无论遇到螃蟹，还是章鱼，一概来者不拒。

可第三次出海的结果又出乎东门意料之外，这次既没有螃蟹也没有章鱼，渔网里只有无数罗非鱼。于是，他再一次空手而归，结果饥寒交迫地离开了人世。

生活中，年轻人总有这样或那样的想法，但真正的重点是，你要懂得为自己设计适合的目标。这个目标不仅仅包括你的事业，也包括对生活的期望。适合自己的目标能使你更清醒地面对现实，能更执着地追求未来的生活。生活的很多真谛就是在与现实的碰撞中顿悟的，或许不是每个人都能成为比尔·盖茨那样的人物，但只要你选对了目标，人生也必然无悔！

年轻人制定目标要因人而异，应该基于自身的能力和自己的特长，同时也不能忽略外界的各种因素，在这个条件下才能找到适合自己的目标。现实生活中，许多年轻人并不是没有梦想，而是太多的梦想不切实际，根本没有考虑凭自己的努力能否使之变成现实，在遇到挫折的时候就怨天尤人，生活也因此而变得一团糟。

因此，只有符合实际的目标才有可能实现，才能推动生活往前迈进。如果你对自己的目标感到吃力，甚至怀疑自己的能力，那么也许你该停下来思考自己有没有找对方向。当然，找到合适的目标并不是让你降低对自己的要求。相反，真正可行的目标恰恰是那些具有较高标准、对年轻人具有一定挑战性的。这样，当你想要达成这个不那么"遥远"的目标时，就会使出浑身解数，充分挖掘出自己的潜力。这对年轻人来说，无疑也是一个成长的过程。

宠辱不惊，按自己的方式生活

不要忘记，快乐并非取决于你是什么人，或你拥有什么，它完全来自于你的思想。你的未来大半由你今天的思想所决定。所以，让你的心中注满希望、信心、真爱与成功的想法。

——卡耐基

年轻人都希望自己的生活能够与众不同，希望自己能生活得更好，虽然这是美好的、积极的想法，但显然不是每个人都能如愿以偿。年轻人的理想不同，每个人的自身条件也不一样，不同的人有不同的路，而真正懂得生活的人，是不会过分羡慕别人的生活，而忘了发现自己生活中的美，那些懂得按自己喜欢的方式生活的人，总是尽力做自己想做的事，根据自己的性格，寻找适合自己的生活。

想要在世俗的世界里，放弃对名利的追求有点异想天开，可年轻人要知道，生活的乐趣不在于有多少财富，而是学会欣赏生活中的一切，不得意忘形，也不自甘堕落。这除了需要年轻人拥有理智的头脑之外，还需要有舍得放下的勇气。

财主家养了一条可爱的宠物狗和一头干农活的驴子。每当主人回来时，小狗总是飞快地跑到主人身边，一边摇头摆尾一边殷勤地朝着主人叫唤，有时还在主人的脚脖子上蹭来蹭去。主人也喜欢看到小狗对自己的亲热劲，他有时候会温柔地抚摸小狗，或者把这只幸运的狗抱在怀里。

这一切被一旁干活的驴子看在心中，它十分不爽，心想自己整天埋头苦干，辛苦不说，稍微干慢点还要被打，而小狗什么都不干只要摇摇尾巴就能过得轻松又自在，看来自己也得跟主人联络下感情。

想到这里，驴子决定采取行动。这天傍晚，主人刚踏进家门驴就大叫着迎上去，他学着小狗的样子把蹄子搭在主人的肩上，还打算伸过头来舔一舔主人。

但主人却被驴的举动吓坏了，他愤怒地把驴甩向一边，拿起皮鞭就狠狠地抽了起来……

驴子的行为让人啼笑皆非，它试图学狗跟主人亲热，却不知道自己生来就是干活的料，因此挨了主人一顿鞭子。由此也可以看出，每个人都应当根据自己的特长选择适合自己的生活，年轻人若选对了方向，找到了适合自己的生活方式，就能事业有成，生活美满；而找错了方向，就会觉得生活中满是不幸与痛苦，根本没有快乐可言。

有两只老鼠兄弟，一只在城里住，一只在乡下住。有一天，乡下老鼠邀请城里老鼠来享受乡间的美景和新鲜的空气。城里老鼠高兴得不得了，立刻动身前往乡下。到了乡下老鼠家，热情的乡下老鼠只拿出一些大麦、小麦放在城里老鼠面前。

城里老鼠不以为然地说："你怎么过着这么清贫的生活呢？还是跟我去城里吧，那里什么都不缺。"

于是乡下老鼠就跟着城里老鼠进了城。

躺在城里老鼠柔软舒适的床上，看着周围数不清的美食，乡下老鼠顿时生出无限美慕。

过了一会，它们爬到餐桌上开始享受美味的食物。突然，"砰"的一声，门开了，有人进来了。老鼠兄弟吓了一跳，飞一般逃进墙角的洞里。

乡下老鼠吓得忘了饥饿，刚从死亡线上捡回命来，让它有点恍惚，它对城里老鼠说："我想我还是比较适合乡下平静的生活，这里让我紧张兮兮，倒不如回乡下享受自由自在。"

关于幸福生活，并没有标准的答案，每个人对幸福的标准不一样，于是幸福的定义也不一样。但是没有任何人能取代得了另一个人，既然每个人对幸福的理解不同，那么适合每个人的幸福也就不同。要想找到适合自己的生活方式，就必须要了解自己是一个什么样的人，做到宠辱不惊，淡然面对人生的大起大落。

年轻人要知道，适合别人的不一定就适合自己，俗话说"鞋合不合脚，只有脚知道"，当你看到别人光鲜的一面时，是否想到了光鲜背后的烦恼呢？古希腊闻名的亚历山大大帝即使贵为君王，也曾羡慕第欧根尼躺在阳光下自由自在地晒太阳。年轻人要多看到自己拥有的，要学会理智地面对生活、追逐成功，只要你目标明确并为之努力，幸福或许就在不远处等待。

社会中充满着无数诱惑，越来越多的人迷失在别人的世界里。很多年轻人走了很远才发现，原来自己选错了方向，走错了路。东施看到西施捧心皱眉煞是好看，便也学着她的模样，却沦为世人的笑柄，留下"东施效颦"的典故。年轻人，别为他人的荣耀而心动，学会选择适合自己的生活方式吧，这样才能经营出独一无二的人生。